拥抱抑郁小孩

文心·著

15个练习带青少年走出抑郁

机械工业出版社
CHINA MACHINE PRESS

本书旨在为家长提供一套应对青少年抑郁的家庭解决方案。作者首先帮助家长建立对青少年抑郁的科学认知：虽然抑郁情绪在青少年中普遍存在，但它并不可怕。在正视抑郁的前提下，作者从做好应对准备、家长自我提升、帮助孩子调整状态以及防止复发等关键环节，提供了一套系统可行的青少年抑郁应对方案，运用一系列实操工具，并结合实际案例，帮助家长处理好孩子的抑郁问题。

图书在版编目（CIP）数据

拥抱抑郁小孩：15个练习带青少年走出抑郁 / 文心著. — 北京：机械工业出版社，2022.12（2025.3 重印）
ISBN 978-7-111-72257-1

Ⅰ.①拥⋯ Ⅱ.①文⋯ Ⅲ.①青少年—抑郁-家庭教育 Ⅳ.①B842.6 ②G782

中国版本图书馆CIP数据核字（2022）第252736号

机械工业出版社（北京市百万庄大街22号　邮政编码100037）
策划编辑：刘文蕾　　　　责任编辑：刘文蕾
责任校对：李小宝　梁　静　责任印制：张　博
三河市航远印刷有限公司印刷

2025年3月第1版第5次印刷
145mm×210mm・8.125印张・181千字
标准书号：ISBN 978-7-111-72257-1
定价：59.80元

电话服务　　　　　　　　网络服务
客服电话：010-88361066　机 工 官 网：www.cmpbook.com
　　　　　010-88379833　机 工 官 博：weibo.com/cmp1952
　　　　　010-68326294　金 书 网：www.golden-book.com
封底无防伪标均为盗版　　机工教育服务网：www.cmpedu.com

谨以本书献给
妈妈李淑爱女士和
女儿丁丁，
永远爱你们！

推荐序

三年以来，新冠疫情对世界各国人民的身心健康和生命安全都构成了巨大的威胁和挑战，特别是全球精神卫生状况越来越严峻。2022年6月世界卫生组织发布的《世界精神卫生报告》显示2021年全球抑郁症、焦虑症患病率增加了25%，精神障碍患者增加了10亿人。由于疫情封控管理，青少年的正常学习、生活节奏受到影响，不得不转入居家线上学习，这对青少年的心理健康也构成了严重挑战，国内很多精神卫生中心的青少年门诊量增加了30%以上。

我们知道，青少年阶段的心理发展就像破茧蜕变，是向成年人过渡的关键期。青少年需要经历一个巨变的过程，从身体发育到心理发展，从自我意识到人际关系，都面临巨大挑战。再加上学业繁重、周围人的期待和互联网带来的生活方式的改变，让孩子们倍感压力。所有的这些挑战和压力都会让青少年的心理健康面临巨大风险，加上疫情带来的学习、生活方式的巨大变化，导致抑郁情绪和抑郁症成为困扰青少年的突出问题。

在我做精神科医生的时候，很少见到青少年抑郁症患者。我在门诊最早诊断儿童抑郁症的案例是2001年，而现在，越来越多的青少年抑郁症患者开始寻求心理治疗，目前我做的治疗案例几乎都是青少年抑郁症案例。在很长一段时间里，精神卫生专家认为抑郁症主要是成年人才会得的一种精神障碍。心理学家和精神病学家曾经认为，青少年可能会因为打击和挫折而感到难过和失望，但是，他们的情绪情感水平还没有成熟到会患上抑郁症的程度。但是，20世纪90年代的一些研究推翻了这种观点。不少研究发现，70%的成年人抑郁症患者在青少年阶段就有抑郁症病史。青少年的抑郁症必须给予高度重视，及时进行干预。

在帮助孩子摆脱抑郁的过程中，父母和家庭起着至关重要的作用。因为孩子的抑郁大多与不良生活事件有关，特别是不良家庭氛围、早年丧亲、家庭暴力、性创伤等，都是引发孩子抑郁情绪及抑郁症的高危因素。即便是因为校园霸凌、教师语言暴力、考试受挫、被忽视、被排斥等导致的抑郁情绪，也需要父母给予温和而坚定的抱持。现在越来越多的父母意识到孩子出现抑郁问题需要及时就医，也会先在家庭成员和朋友的帮助下，帮助孩子解决问题。父母们一定都希望有一本可以借鉴和参考的"操作手册"，尤其是在迷茫、不安、矛盾、焦虑又无助的时候。

虽然目前已有不少与青少年抑郁相关的书籍，但其中鲜有像本书一样清晰和简明的。更难能可贵的是，这本书语言通俗易懂，内容简单实用。作者没有长篇大论地讲解理论知识，而是将提炼出的重要主题融入家庭生活的互动中。可以说，这是一本专门为父母而写的"操作手册"。

多年前我受邀参加过一档讨论抑郁的知名节目，当时文心也在这个平台讲授抑郁课程。多年来，她在青少年抑郁干预领域不断精进，不断学习提升专业能力，也一直坚持在一线做青少年的心理咨询，并接受着督导。非常高兴看到文心这本书即将出版，也很欣慰地看到文心把经过多年实践检验的接纳承诺疗法、家庭治疗、认知行为疗法、游戏治疗等心理咨询方法、技术融入书中。最近十年来，我一直在倡导和推广接纳承诺疗法。它是认知行为疗法的最新发展，非常强调接触当下、接纳情绪、解离认知、自我觉察、澄清价值和承诺行动。这些概念听起来简单，做起来却不容易，需要一些正确的方法指导。文心在本书中，除了帮助父母了解一些青少年抑郁的基本认知和概念，更多的篇幅是给予父母具体的操作方法，而且书中还有十五项简易有效的互动练习，引导父母在面对孩子抑郁时，从情绪、认知、行为等方面理解孩子的抑郁，接住孩子的情绪，拥抱抑郁的孩子，最终帮助孩子走出抑郁。

元旦刚过，新春将临，人们向往着美好的未来，但是，青少年的心理健康问题任重道远，衷心希望文心的这本书能够帮助广大家长朋友正确理解、对待孩子的抑郁，采取有效方法升级认知模式，改善家庭氛围，增进亲子关系，引导孩子走出抑郁阴影，走进五彩缤纷的春天。衷心祝愿每个家庭都能温暖如春，每个孩子都能幸福健康地成长！

祝卓宏

2023年1月3日

于中关村人才苑

前　言

给青少年父母的一封信

亲爱的青少年父母：

你们好！我叫文心，是一名心理咨询师，准确点儿说，是一名主要跟抑郁、焦虑等情绪问题打交道的心理咨询师，十岁到二十几岁的孩子是我的主要来访对象，而这些孩子中很多人都面临抑郁和焦虑的困扰。

抑郁是青少年最常见、最严重的心理问题之一。2021 年 10 月 10 日，中国科学院心理研究所发布的《中国国民心理健康发展报告（2019—2020）》显示：

2020 年青少年的抑郁检出率为 24.6%，其中，轻度抑郁的检出率为 17.2%，重度抑郁为 7.4%。这意味着在青少年人群中，4~5 个孩子中就有 1 个孩子被抑郁困扰，可能是轻度，也可能是重度。

看到这组数据，可能你们会很惊诧：孩子跟抑郁的距离近得超乎想象，每个孩子都可能抑郁。

然而，当抑郁初现端倪，孩子表现出难过痛苦和一些反常的行为时，却常常得不到身边人的理解，很容易被当成是"不值一提的小事""矫情""给自己找借口"，得不到足够的重视。

当孩子不但得不到帮助，反而被否定被批评后，他们就很容易把自己包裹起来，不再向父母和朋友求助。这种回避会让抑郁持续并恶化。

与此同时，父母也很焦虑很困惑，眼看着孩子状态不好，却不知道孩子怎么了，为什么会变成这个样子，也不知道怎么做才能有效地帮助孩子。

孩子很痛苦，父母也很痛苦。

然而抑郁始终没有得到有效解决，很多孩子还会越来越严重，学习停滞，生活紊乱，健康受损，一家人都生活在阴霾之中。

被抑郁困扰时，每个孩子都想摆脱这种状态，但他们毕竟是未成年人，没有能力自己克服抑郁，他们比任何时候都更需要父母的理解和支持。

父母都是很爱孩子的，可惜大多数父母，要么对心理健康毫无概念，要么只知皮毛。当孩子抑郁时，既没有理论上的指导，也没有行之有效的方法和对策。

抑郁就像一个泥潭，让父母和孩子深陷其中。每个人都在努力挣扎，却又无力摆脱，越陷越深。

危机是危险，更是机会。

抑郁是一个足够强大的陌生的挑战，同时，它也是一个机会：一个让孩子可以更了解自己，从而掌控情绪、应对挫败、增长本领的机会；一个让父母可以扩展认知、完善自我、改善关系、提升养育效能的机会；一个让家庭可以变得更和谐、更亲密、更有爱的机会。

真希望在孩子抑郁时，父母有能力转危为安，把危险变成机会。而想要达成这个目标，不仅要对抑郁有一定的了解，还需要掌握一些心理学的理念和方法。父母太需要心理从业者的指导和帮助了。

作为一名心理咨询师，我感觉自己有能力而且也应该做点事。两年前，带着一份有点像使命感的期待，我开始写这本书。

这本书是专门写给青少年父母的，是一套帮助孩子克服抑郁的行动方案，你可以把它看作专门应对青少年抑郁的工具书。这本书非常注重实战，手把手教父母如何调整状态，做好准备，一步步带领孩子走出抑郁。

为了让父母学得会、用得上，我把理论、方法和练习结合了起来。书中有大量的案例和练习，这些方法我在青少年咨询中常常用到，希望对你们有帮助。

这本书共分成五个部分,层层叠搭,像盖房子一样,建议父母按顺序阅读。

第一章介绍了青少年抑郁是怎么回事。有了这些知识储备,就不会走弯路。

第二章到第四章是帮助父母有的放矢地制订应对孩子抑郁的行动方案。

第五章到第九章帮助父母从情绪、想法、行为、关系四个层面进行自我提升,为帮助孩子摆脱抑郁做好准备。

第十章到第十五章聚焦于如何帮助孩子,也是本书的重点部分,父母可以和孩子一起讨论、练习。

第十六章介绍了如何预防复发,远离抑郁。

为了保护每一位来访者,书中的所有案例都是编写的。它们来自真实生活,但不是真实个案,请勿对号入座,也不要评价和揣测。

还有一个重要提醒:这本书不是要教父母做心理咨询师和医生,而是在自己的位置上站好岗,父母的干预不能代替药物和心理咨询。

如果孩子抑郁严重,按时服药和做心理咨询必不可少。"医生＋心理咨询师＋父母"是帮助孩子的稳固铁三角,共同发力,相互补充,才能帮助孩子更快地走出抑郁。

"养育孩子的过程就像一面镜子,我们从中看到最好的自己,也看到最坏的自己;我们体验到生命最丰盛的时刻,也经历最恐怖的瞬间。"

我相信当你们和孩子一起在抑郁的泥潭摆渡时，会不断经历困惑、焦虑和挫败，有时候信心满满，有时候烦躁无力。

　　不管经历多少风雨，阳光一定在前方。当父母越来越有力量，孩子的路就会越走越宽敞、明亮！希望你们怀揣着爱和希望，带领孩子克服抑郁，远离抑郁！

　　深深地祝福你们……

文　心

目　录

推荐序
前　言　给青少年父母的一封信

第一部分
了解青少年
抑郁

第一章　重新认识青少年抑郁 / 002

1　抑郁是什么 / 005

2　抑郁不是什么 / 008

3　抑郁在孩子中有多常见 / 012

4　抑郁不仅伤心，更伤脑 / 013

5　严重的抑郁对孩子的危害有多大 / 016

6　抑郁 = 危机 = 危险 + 机会 / 017

第二部分
准备应对
挑战

第二章　判断孩子是否抑郁 / 024

1　青少年抑郁有什么表现 / 024

2　每个孩子的抑郁表现都不同 / 027

3　怎样区分孩子的状态是正常还是异常 / 032

4　抑郁对孩子学习的影响 / 034

互动练习一　抑郁自评量表 / 036

第三章 分析孩子抑郁的原因 / 038

1 孩子为什么会抑郁 / 038

2 为什么青春期孩子容易抑郁 / 041

3 为什么有的孩子会抑郁，有的不会 / 043

4 孩子是什么时候开始抑郁的 / 044

互动练习二 分析抑郁原因 / 047

第四章 制订干预方案，建立支持系统 / 048

1 怎样制订干预方案 / 048

2 抑郁能不能自己好起来 / 050

3 如果孩子抑郁了，可以找谁帮忙 / 052

4 孩子拒绝改变怎么办 / 055

互动练习三 制订干预方案 / 059

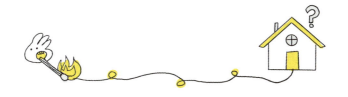

第三部分
父母的
自我提升

第五章 孩子抑郁，为什么父母要成长 / 062

1 孩子抑郁跟父母有没有关系 / 062

2 父母和孩子相互"传染" / 064

3 孩子的"问题"可能不只是孩子的 / 066

4 你是成熟的父母吗 / 068

5 怎样成长为更好的父母 / 070

互动练习四 父母成长计划 / 072

第六章 情绪：改变消极情绪，积极应对抑郁 / 074

1 孩子抑郁了，父母的状态怎么样 / 074
2 父母的状态比做什么更重要 / 076
3 按下暂停键，慢下来 / 078
4 你是情绪的奴隶还是情绪的主人 / 080
5 怎样才是自我觉察 / 082

互动练习五　自我觉察练习 / 083

第七章 想法：升级"想法地图"，改变错误认知 / 085

1 自动思维和自动评价 / 085
2 你的"想法地图"准确吗 / 089
3 想法是想法，事实是事实 / 092
4 孩子抑郁时，父母常见的认知偏差 / 094
5 父母的哪些想法需要升级 / 095
6 怎样升级"想法地图" / 099

互动练习六　升级"想法地图" / 102

第八章 行为：停止无效行为，学习新技能 / 103

1 父母很爱孩子，为什么孩子感觉不到 / 103
2 讲道理为什么没有用 / 105
3 怎样做才能真正帮到孩子 / 107
4 良药能不能不苦口 / 110
5 打骂、惩罚孩子有没有用 / 113
6 发现孩子自伤怎么办 / 116

互动练习七　有效行动起来 / 117

第九章 关系：改善亲子关系，变对抗为合作 / 118

1 什么样的家庭容易养出抑郁的孩子 / 118

2 先搞好关系，再教育孩子 / 122

3 在外面都挺好，为什么只跟孩子生气 / 126

4 怎样才是尊重孩子 / 128

5 怎样才是好父母 / 131

6 如何有效管教孩子 / 134

互动练习八　平衡亲子关系 / 139

第四部分 孩子的状态调整

第十章 接住情绪：让孩子感受到被认可 / 142

1 像接住苹果一样，接住孩子的情绪 / 145

2 接住孩子情绪的技巧 / 148

3 不认可孩子的表现，怎么接纳孩子 / 150

4 耐心倾听，不评价，不给建议 / 152

5 你的"情绪罐子"有多大 / 156

互动练习九　扩容"情绪罐子" / 160

第十一章 梳理情绪：引导孩子确认自己的感受 / 161

1 怎样帮助孩子梳理"情绪球" / 161

2 孩子说不出自己的感受怎么办 / 164

3 如何引导孩子说出内心的感受 / 166

4 层层深入，帮助孩子看见内心的冲突 / 169

互动练习十　梳理"情绪球" / 172

第十二章　共情情绪：帮助孩子理解自己的感受 / 173

1　情感的改变是如何发生的 / 173

2　共情能够解决孩子的问题吗 / 175

3　为什么有些孩子那么"冷酷" / 177

4　你真的理解孩子吗 / 179

5　怎样才能共情孩子 / 181

互动练习十一　共情孩子的"小宇宙" / 186

第十三章　处理情绪：给情绪一个合理的出口 / 187

1　怎样进行情绪管理 / 187

2　什么样的情绪习惯容易抑郁 / 189

3　情绪习惯的两面性 / 191

4　孩子的情绪习惯从哪里来 / 193

5　如何帮助孩子学会处理自己的情绪 / 195

互动练习十二　给情绪"洪水"找出口 / 199

第十四章　调整孩子的抑郁想法 / 200

1　怎样打破抑郁的循环 / 200

2　抑郁时，孩子会有哪些常见的负面想法 / 203

3　孩子的负面想法从哪里来 / 205

4　如何帮助孩子调整自己的想法 / 207

互动练习十三　和想法对话 / 213

第十五章　改变孩子的抑郁行为 / 214

1　抑郁和孩子的行为有什么关系 / 214

2　了解行为背后的动力：正强化和负强化 / 215

3　如何改变孩子的行为 / 217

4　改变孩子行为的三个建议 / 219

5　孩子什么都不想干怎么办 / 222

互动练习十四　迈出改变的第一步 / 224

第五部分
防止孩子抑郁复发

第十六章　怎样预防孩子抑郁复发 / 228

1　首次干预要彻底 / 228

2　制定短期目标和长期目标 / 229

3　强化预防意识，做好情绪监测 / 230

4　建立好支持系统，不要再回到"老路上" / 231

5　培养良好生活习惯，好习惯是"护身符" / 231

6　帮助孩子克服人际困扰，获得情感滋养 / 235

7　帮助孩子增强能力，能力是自信的底气 / 237

互动练习十五　情绪监测日志 / 239

1

拥抱抑郁小孩

第一部分
了解青少年抑郁

第一章　重新认识青少年抑郁

当孩子有下面这些表现时,父母一般会怎么想?

(1)孩子不想学习,注意力不集中,拖拖拉拉,有时候请假不去上学,经常在房间里玩手机,睡眠紊乱。

你的想法是什么?

"孩子太懒,自我要求低,不知道学习多么重要,就知道玩!"

"都是手机惹的祸!如果没有手机,孩子肯定能爱上学习。"

"学生怎么能不上学呢?怎么能随便请假呢?无法理解!"

(2)孩子看上去很乖很懂事,但总闷闷不乐,对什么都提不起兴趣。内心敏感,不善表达,经常因为一点儿小事纠结。身体较弱,常常头疼胃疼。

你的想法是什么?

"孩子天生就这样,性格内向。开不开心无所谓,谁也不会天天快乐。"

"只要把精力放在学习上就好了,其他的不是问题。"

"不理解孩子为什么爱纠结,都是一些小事,完全没有必要,应该想开一点,不要活得那么累。"

(3)孩子经常在家里发脾气,大吵大闹,和父母对着干,有时候还摔摔打打。

你的想法是什么?

"没教养,不会尊重人!以前太溺爱孩子了,现在必须严加管教!"

"孩子天生脾气不好,随他爸爸,只是发发脾气,不用管他。"

"孩子现在可能是青春期叛逆,过两年懂事了就好了。"

每一种想法都合理,都有足够的理由。可你有没有怀疑过,除了这些,还有没有别的可能?

比如:

孩子是不是遇到了什么困难?学习上是不是很有压力?或者人际关系出了问题,孩子不知道如何应对,所以不去上学躲在家里?

孩子总是闷闷不乐,敏感纠结,会不会有点心理问题?

孩子的状态不太对,是不是有点抑郁的倾向了?

当我和父母讨论这些的时候,坐在对面的父母常常既震惊又茫然。他们压根儿就没有想到孩子心理上会出现问题。

抑郁?很多父母完全没有这个概念。

"一个小孩,怎么可能抑郁呢?"

"不可能!那不是得精神病了吗?"

"孩子是有一些生活、学习上的问题,但我从来没想过他会有心理问题,更没想到是抑郁!"

当然,判断孩子是否抑郁,除了观察孩子的日常表现及情绪状态,还要依据一些科学的方法。举上面的例子,只是想说明,很多父母对抑郁的认识不够清晰、深刻,以致在初期无法给到孩子相应的支持和帮助，导致问题加重。

"心中的抑郁就像只黑狗，一有机会就咬住我不放。"英国首相丘吉尔曾如此形容抑郁症。抑郁的确像一只黑狗，如影随形，咬住人就不放。

当孩子被狗咬了，你会怎么办？

我相信所有父母都会本能地奋起打狗，保护孩子。然而这次，它不是一只普通的狗，而是一只看不见摸不着的"情绪黑狗"。

那么，怎样帮助孩子战胜这只黑狗呢？

让我们先从认识它开始吧。

1 抑郁是什么

作为一名和抑郁打交道的心理咨询师,日常被问及最多的一个问题就是——"孩子是不是抑郁?他真的是心理有病吗?"

每当这时,父母都会用焦灼的眼神看着我,含含糊糊的问话掩饰着他们内心的惊恐。

而此刻,我最想知道的是:你是怎么看待抑郁的?在你的眼里,抑郁是什么?

"抑郁"这个词来源于拉丁词根,意思是"向下压",我们平时用来描述抑郁感受的词汇,或多或少都带有"向下"的意味。人们会说"垂头丧气""意志消沉""情绪低落""萎靡不振",或者"不高兴""不满""孤寂",这些词语非常形象地描述出了抑郁的感受。

在咨询中,我发现父母对抑郁的认识有两种观点最普遍:一种观点认为抑郁是一种感受,一种情绪;另一种观点则认为抑郁是一种病,一种严重的精神疾病。

这两种观点,一种把抑郁说得轻飘飘,"谁都有心情不好的时候,很快就会过去的";另一种把抑郁说得很严重,"孩子得病了,以后可怎么办啊!"

那么,抑郁到底是什么?

我建议你把"抑郁"看成一个形容词,而不是名词。抑郁是什么,要看它后面跟的名词是什么。通常,我们所指的"抑郁"有三种:抑郁情绪、抑郁状态和抑郁症。这三个词都跟抑郁相关,它们有共性，又不同，一个是情绪，一个是状态，还有一个是疾病。

抑郁情绪　　　　抑郁状态　　　　抑郁症

（1）抑郁情绪

抑郁情绪是一种情绪，是一种比较消沉、低落、委屈或混合了多种类似负面情绪的心理感受。

情绪就像天气，而抑郁情绪呢，就像阴沉的天气，乌云密布，让人压抑想哭。

天气每天每时都在变化，今天阴云密布，今天就很抑郁。明天太阳出来了，乌云散了，抑郁情绪也就消散了。

所以，抑郁情绪本身不是问题，它来得快去得也快，每个人都会有。

（2）抑郁状态

抑郁状态是一种生活状态，涉及生活的方方面面。

出现抑郁状态，就不仅仅是情绪和感受的问题了，它已经影响到了正常生活。比如，每天都无精打采，对什么都不感兴趣，回避社交，失眠，注意力不集中，有很多负面想法，感觉活着很累，等等。

情绪是天气，状态是气候。气候跟天气不一样，它相对稳定，持续时间较长。

一个孩子偶尔感觉到乌云压顶、心情糟糕，这是抑郁情绪。而如果他总是疲劳烦躁、提不起精神、心境低落，这就是抑郁状态了。

（3）抑郁症

已经到了"症"的程度，毫无疑问，此时的抑郁已经比较严重了。一旦抑郁到了抑郁症的程度，就不是心情好不好的问题了，而是一种心理疾患，需要专业干预。

此时，抑郁已经严重影响到了孩子的健康。孩子可能会出现很多躯体反应，如头疼、肚子疼、免疫能力低等，同时，孩子还会有很多抑郁的认知和行为表现，比如回避社交、大发脾气、拒学、厌学等。

通过上面的描述，我们可以看出，抑郁不是一个非黑即白的概念，它不像硬币一样，这一面是抑郁，另一面不是抑郁。它是一个连续谱，更像一段延绵不绝的长线，可以从0到100，这中间有100个相连的数字，这些数字代表着不同的抑郁程度，可以是抑郁情绪，也可以是抑郁状态，还可能是抑郁症。

抑郁这只"黑狗"不是一成不变的，它一直在这条长线上游移，有时候偏左一点，有时候偏右一点。程度轻一点的时候，它是一只恼人的小黑狗。抑郁严重了，它就是一只巨大的猛兽。

本书中提及的"抑郁"就是这么一个连续谱的概念，它是连续的，变化的，既不是指抑郁情绪，也不是指抑郁症，而是一种有时候轻一点，有时候重一点的抑郁状态。

2 抑郁不是什么

抑郁是个连续谱，这让父母有点困惑：难过的时候是抑郁吗？孩子不喜欢学习，比较叛逆是抑郁吗？什么情况是抑郁，什么情况又不是抑郁呢？

接下来，我们来说说什么不是抑郁。

（1）抑郁 ≠ 悲伤、难过

抑郁是个大筐，各种负面情绪都可以往里装。

当孩子抑郁时，除了难过，往往还会有其他情绪，如自责、焦虑、不安、挫败、羞耻、愤怒、委屈等。抑郁不是一种单一的情绪，它更像是一团乱七八糟的负面情绪纠缠在一起，理不出头绪，说不清道不明。

和一般的悲伤、难过不同，抑郁持续的时间往往很长，而且很难随着时间慢慢淡去。有时候抑郁可能会暂时有所好转，但之后又会再度出现，甚至会越来越严重。

悲伤的人可以明确地指出导致悲伤的具体事件，而抑郁很难确定具体原因。

有时候抑郁是突然发生的，我们可能并不知道原因。即使可以确定一个引发抑郁的事件，但抑郁的感受和反应似乎与这个事件并不相符。还有时候，促发抑郁的事件已经过去很久了，抑郁的感受仍然存在。

（2）抑郁 ≠ 青春期叛逆

一个妈妈跟我诉苦：

"一年多以前，我家的孩子和隔壁孩子都很叛逆，脾气都很大，听不得父母说话。隔壁是个女孩，比我家儿子还厉害些呢。我们两家都一样，都不懂什么是抑郁，也没有干预。现在那女孩挺好的，叛逆期过去了，我们家儿子却越来越差，不想去上学了。"

青春期是抑郁多发的一个时期，很多父母会错把孩子的抑郁当成正常的青春期叛逆。也许当初两个孩子有一些相似的表现。但时间一长就看出来了,他俩情况不一样。

青春期的孩子处于探索整合的状态,加上大脑发育和体内激素水平变化,会比平时更敏感,容易被激怒,没有耐心,常常有冒险失控的行为。两个孩子脾气都很大,这只是表象。抑郁和青春期叛逆本质不同。青春期是人的一生中生命力最强、最张扬、最蓬勃向上的时期,和深陷抑郁泥潭、情绪低落、兴趣降低、疲劳乏力是两回事。

(3)抑郁 ≠ 情绪感冒

一个妈妈轻松地告诉我:"抑郁根本就不是事儿,网上都说了,抑郁就是情绪感冒,不用管它,没啥事儿。"

听了她的话,我的心里咯噔一下。

"抑郁是情绪感冒",很多人会这么说。每次听到这句话,我都感觉阴风阵阵,特别是从抑郁已经很严重的孩子的父母嘴里说出来时。

这个说法之所以流行,是因为它的确有很好的一面。把抑郁类比感冒,让人一下子就能明白抑郁很常见,没什么大不了,对消除

病耻感有好处。

但它也有不好的一面,它把抑郁说得太轻描淡写了,让人很难重视它。实际上,抑郁比感冒可厉害多了。

就说一个最极端的死亡数据吧。我国每年至少有 25 万人自杀,其中 80% 的人患有抑郁症。也就是说,每年可能有 20 万人因为抑郁自杀。

当抑郁只是抑郁情绪时,它确实和感冒一样常见。但如果已经发展到抑郁状态,甚至抑郁症时,此时的抑郁和感冒在感受、危害、持续时间、损伤等各个角度一点儿也没有可比性。就像一个孩子和一个成年人打擂台,两者根本不是一个量级的。

(4)抑郁 ≠ 抑郁症

简而言之:抑郁是一种状态,抑郁症是一种对症状的明确诊断。抑郁症一定会抑郁,但抑郁不一定是抑郁症。

大多数人可能只听说过抑郁症,其实更准确一点,应该说"抑郁障碍"。抑郁障碍一直是精神医学关注的核心问题之一,它所涵盖的范畴涉及广泛,包括抑郁发作、复发性抑郁症、持续性心境障碍、其他心境障碍、未特定的心境障碍等。

很多疾病都可能会造成抑郁的状态,不一定是抑郁症,比如双相情感障碍,目前在青少年里非常多见。双相情感障碍除了有抑郁的表现,还会有躁狂、轻躁狂的表现。很多人格障碍和慢性疾病也有抑郁的表现。

青少年阶段是孩子情绪变化非常快,容易产生情绪困扰的阶段。如果孩子有点抑郁,这是一个非常普遍的发展性的问题,不要一下子给孩子扣上"抑郁症"的帽子。

3 抑郁在孩子中有多常见

一个爸爸说:"孩子状态是不好,情绪很差,睡眠紊乱,影响到学习,但是——还到不了抑郁的程度吧?"

类似的问题我碰到过很多次。"那……你觉得孩子得什么样才是抑郁啊?"

中国科学院心理研究所发布的《中国国民心理健康发展报告(2019—2020)》显示:

2020年青少年的抑郁检出率为24.6%,其中,轻度抑郁为17.2%,重度抑郁为7.4%。

女生轻度抑郁的比例为18.9%,重度抑郁的比例为9%;男生轻度抑郁的比例为15.8%,重度抑郁的比例为5.8%。

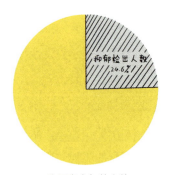

我国青少年总人数

随着年级的增长,抑郁的检出率呈现上升趋势。

小学阶段的抑郁检出率为1成左右,其中重度抑郁的检出率约为1.9%~3.3%。

初中阶段的抑郁检出率约为 3 成，重度抑郁的检出率为 7.6%~8.6%。

高中阶段的抑郁检出率接近 4 成，其中重度抑郁的检出率为 10.9%~12.5%。

抑郁的平均水平随年级的升高而增加。

小学阶段各年级间没有显著差异。

初一和初二显著高于小学阶段，显著低于初三与高中阶段。

高中阶段显著高于小学和初中，但三个年级间没有显著差异。

"青少年的抑郁检出率为 24.6%"，这意味着在青少年人群中，每 4~5 个孩子就有 1 个孩子有抑郁问题。

很多父母对抑郁的认识含含糊糊，因为抑郁没有一个清晰的量化指标。它不像高血压，指标是高压大于 140mmHg，低压大于 90mmHg，这是一个全世界通行的标准。孩子抑郁到了什么程度，这个问题很难量化。

我觉得上面的这些数字可以作为一个参考，青少年抑郁检出率为 24.6%，从心理健康的角度来看，如何帮孩子不成为那 1/5？

抑郁这只黑狗，就趴在孩子身边。它离孩子的距离，近得超乎想象。

4 抑郁不仅伤心，更伤脑

消化不良，肠胃就会出问题。总咳嗽，气管和肺部就容易生病。按照这个逻辑，如果孩子长期抑郁，会导致什么地方出问题呢？

有一次我这样问一个孩子,他说:"浑身难受,浑身都有问题。"

这样说也对,抑郁会有很多身体症状,如胃疼、肚子疼、头晕、头痛、胸闷、心悸、肩背痛、皮炎、过敏等,的确是哪儿都不舒服。

然而,这还不是我想说的重点。我特别想提醒父母们:抑郁最大的危害不是伤心,而是伤脑,长期抑郁会损伤大脑!

你有过这样的时候吗?一段时间心情很糟糕,就会感觉容易忘事,记忆力不好。如果连续两天睡眠紊乱,就感觉脑子转不过来,好像生锈了一样。

一个健康的成年人尚且如此,可以想象一下,一个抑郁的孩子,长期饱受这样的痛苦会是什么样?

通过脑成像设备,心理学家直观地看到,健康人的大脑和抑郁症患者的大脑是不一样的。

长期抑郁会使大脑皮层活性降低,神经递质失调,影响大脑发育和正常功能。严重的抑郁会导致思维迟滞,神经递质紊乱,海马体损伤。

在咨询中,很多抑郁的孩子表达了这样的困扰:

"无法集中注意力,不能专注地做事情。"

"记忆力下降,经常忘事,很多事情想不起来了。"

"身体和脑袋很累,神经衰弱,偏头痛,经常失眠。"

"思维好像变慢了,感觉大脑'很木','卡住了'或者'生锈了'。"

这些都是抑郁对孩子大脑的影响。

网络上经常会有因抑郁症自杀的新闻,很多人不理解:活得好好的为什么自杀?至于吗?有什么想不开啊?这些人怎么这么脆弱?

发出这样的感慨,说明大家不了解抑郁症。

让人轻生的,不是压力和困难,不是感情挫败太脆弱,也不是要求完美想不开,而是抑郁症!抑郁症会损伤人的大脑。

抑郁不仅是心情问题,还是生理问题。儿童和青少年阶段是大脑发育的关键时期,抑郁对孩子大脑的危害需要被格外关注!

5 严重的抑郁对孩子的危害有多大

（1）造成发展停滞

儿童和青少年重性抑郁发作的持续时间平均为 7~10 个月，有一小部分人会持续 1~2 年。如果不治疗，大概 10% 的人还会持续更久的时间，孩子可能会因此经常请假，脱离正常的学习和生活轨迹。

一个孩子这样形容他的状态："别人都是一辆一辆疾驶而过的汽车，而我好像抛锚了，趴在路边。"

（2）导致成年后抑郁

国外有一项关于青少年抑郁和成年人抑郁关系的研究，结果显示：抑郁的孩子成年以后，超过 2/3 的人至少出现过一次重性抑郁复发。更大比例的人或多或少受到抑郁的影响，生活满意度更低。有的人学业没完成，有的人朋友关系受损。

（3）引发其他问题

严重抑郁往往会引发一些其他的精神和心理问题。在一项针对 67 名重性抑郁青少年的研究中，近 1/6 的青少年达到"品行障碍"的标准，表现出严重的行为问题。这些严重的行为问题包括：攻击性行为、破坏物品、偷窃、逃学、离家出走等。

（4）可能致残致死

抑郁症被称为"沉默的杀手"，有 10%~15% 的抑郁症患者最终可能选择自杀。

我国每年有 20 万人因为抑郁自杀。这还不包括自杀未遂的人数。

6 抑郁 = 危机 = 危险 + 机会

孩子抑郁了，父母眉头深锁，一脸凝重，一说到抑郁就唉声叹气。抑郁是很痛苦也很危险，但父母不必过分悲观。

硬币都是有两面的，有正就有反，有向阳的一面，就有背阴的一面。当我们沉溺在阴面的时候，要提醒自己，事情还有另外一面。

在我的眼里，抑郁是一个危机，即"危"+"机"，既包含"危险"，也蕴藏"机会"。关键是我们能不能克服危险，释放机会。

抑郁提供了哪些机会呢？

（1）抑郁是孩子求助的机会

情绪是信使，抑郁就是孩子的求助信号。你可以把抑郁的各种表现看成孩子在无声地呐喊，在向父母展示自己的困难。

很多孩子抑郁发作以前都已经到了精神和心理能够承受的极限，长期处于极度紧张、压抑、扭曲的状态，内心非常煎熬，但却停不下来。这时候抑郁其实是强迫性停止，是一种变相的自我保护。

我经常跟父母说，孩子抑郁不全是坏事，如果不抑郁，你还不知道他有这么大的困难,也不知道他已经这么难受了。

抑郁是孩子的求助,也是孩子的邀请,邀请父母走近他、帮助他。

(2) 抑郁是孩子了解自己的机会

精神分析学派创始人弗洛伊德有一个伟大的贡献,他告诉人们,人类除了意识,还有潜意识。

这就像一座漂浮在海面上的冰山,一眼望去,目之所及的海面之上的部分相当于我们的意识,而海面之下的巨大冰体,相当于我们的潜意识。

决定冰山状态的,并不是海面之上的冰体,而是海面之下的庞然大物。

孩子进入青春期,自然而然地就会向内探索,知其然还得知其所以然。他们不仅要知道"我是一个什么样的人",还要知道"我为什么会这样"。

自古至今,苦难造就一些深层次的思考。当孩子抑郁难受的时候,恰恰是深度认识自己最好的时机。

我经常跟孩子们开玩笑:"老天爷特别有趣,开心的时候让你享受美好,抑郁的时候让你自我成长,两头都不耽误。"

(3) 抑郁是体验人生不易的机会

醉过方知酒浓,爱过方知情重。人生的滋味全部在于体验。如果没有体验,别人说得唾沫横飞,我们也不知道那到底是什么感觉。

听说过"蔚蓝色的大海无边无际"和真正看见大海是两回事。

只有当我们站在海边，踩着沙滩，吹着海风，望着无边无际的大海时，才能真正体会大海多么宽广多么蓝。

"失去"让人更珍惜"拥有"，"害怕"让人更渴望"安全"，所有体验都会让我们更加珍惜生活，敬畏生命。抑郁也是一次难得的体验。

有个孩子告诉我："如果不是亲身经历，我无法理解精神上的折磨这么痛苦，心理健康太重要了。"

一个妈妈感叹："孩子走出抑郁以后跟以前不一样了，说不清楚什么地方变了，但能明显感觉到他和以前不一样了。"

只有体验过，孩子才能真正明白生活的酸甜苦辣，也只有体验了、经历了、走过了，孩子才能真正成长和成熟起来。

（4）抑郁是孩子增强能力的机会

一个孩子需要具备什么能力呢？

有些父母认为孩子只要成绩好就可以，其他的都不重要。可是，孩子不仅是个学生，还是个人啊！除了学习，他还要和别人打交道，切切实实地生活在这个世界上。

除了具备必要的学习能力，孩子还需要具备一些无形的能力，如情绪管理、人际沟通、自我约束、抗挫折的能力等。这些能力不像分数一样可以被量化，但它们非常重要。

能力不是天生的，都是需要学习的。大部分孩子抑郁，不是学习上出了问题，而是这些能力太欠缺了。

"困难 = 挑战 = 成长"，孩子就是在不断遇到困难、解决问题的过程中增长能力，成长起来的。

抑郁只是成长路上的一段小插曲。孩子遇到困难很正常，问题暴露出来比掩盖起来好。暴露出来，我们才能看见它、正视它、解决它。掩盖起来，表面上风平浪静，实际上危机四伏。

两个人都有半杯水。一个人唉声叹气："唉！杯子空了一半，水都快没有了！"另一个人哈哈一乐："哇！还有半杯水，这么多！"

悲观的人只看见已经没有的，哀叹丧失。而乐观的人则能看见希望，看见收获。

抑郁也是一样。

用消极、悲观的眼光看，抑郁就是个大麻烦，是困难，是洪水猛兽，前路凶险，前途暗淡。

从积极、乐观的角度看，孩子在成长过程中经历点挫折和困难不全是坏事，这是长见识、长本事的好机会，不经历风雨怎么见彩虹，孩子和父母都可以从抑郁中受益，学到更多。

本章小结

- 抑郁是个连续谱。抑郁情绪、抑郁状态、抑郁症不是一回事。
- 抑郁在青少年中非常常见，每 4~5 个孩子中可能就有 1 个孩子处于抑郁状态。
- 抑郁是个身心问题，不只心情不好，还会有很多躯体表现，严重的抑郁会损伤大脑。
- 抑郁是孩子的求助信号，也是孩子成长的机会。

2

拥抱抑郁小孩

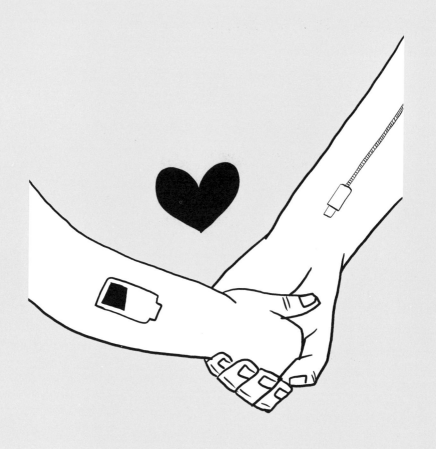

第二部分
准备应对挑战

第二章　判断孩子是否抑郁

1 青少年抑郁有什么表现

抑郁是个筐,各种负面的情绪都可以往里装。

当孩子陷入抑郁状态时,不仅心情低落,高兴不起来,他的身体、情绪、想法、学习、社交和家庭生活等方方面面都会受到一些负面影响和困扰。

通常,青少年抑郁会有以下这些表现:

情绪低落

孩子心情不好,闷闷不乐,以前嘻嘻哈哈,现在听不到笑声了。有的孩子难过、痛苦,有的孩子委屈、无助,有的孩子经常哭泣,"心里难受""高兴不起来""感觉压抑"。

孩子的情绪可能会在一天中有所变化,但每天的变化不大。

兴趣减退

以前孩子喜爱或者感兴趣的活动,现在"没有兴趣了",任何事情都"提不起精神"。

孩子"体验不到快乐""无聊",不能从平日的活动中获得乐趣。"生活中没有什么可以让我感到快乐""真没意思"。

疲倦无力

总说自己很累，无精打采，疲乏无力，不想做事，不想外出，"太累了""没有精神""不想动""没力气"。

生活没规律，不想起床，不想洗澡，不想换衣服。

易怒

一些研究发现，有些孩子的抑郁表现通常以易怒而不是悲伤为主。易被激怒是青少年最常报告的抑郁体验。

孩子会有反复的脾气爆发、烦躁、对抗父母、疏远父母、情绪失控，有语言暴力或者攻击行为等表现。

焦虑

很多孩子受焦虑困扰，常常在抑郁和焦虑之间来回转换。

焦虑有多种表现：有的孩子紧张害怕，常常心慌、出汗、发抖；有的孩子爱胡思乱想，担忧各种事情，比如担心同学误会，害怕成绩下降等；有的孩子烦躁、冲动、爱发火；有的孩子身体不适，胸闷、心悸、头疼等。

思维迟缓

主要表现为注意力不集中，记忆力减退，大脑反应变慢，"脑子好像生了锈""脑子里一团糨糊""爱忘事"。有的孩子语速会减慢，声音低沉，很难与他人顺畅交流。

消极

当孩子抑郁时，会表现出很多认知方面的问题：看问题消极，总看到不好的一面，反复去想不如意的事情；过分在意他人评价，爱钻牛角尖；习惯猜测和琢磨别人，认为自己不受欢迎；低价值感，容易自责、内疚等。

回避

回避压力和社会交往，感觉自己无法应对压力，不愿意和周围人接触，沉默寡言，不愿外出，不愿上学，总待在自己的房间，不想跟别人说话，对朋友失去兴趣。

身体不适

孩子可能经常感到身体不适，如头疼、胃疼、胸闷、心悸、体虚、过敏、例假推迟等。带孩子去医院检查没有大问题，可孩子总说难受不舒服。

睡眠紊乱

睡眠出现问题，晚上睡不着，早上不起床，白天睡太多。有的孩子睡眠紊乱，黑白颠倒，有的孩子噩梦多，易惊醒。

饮食异常

食欲减退，不想吃饭，体重减轻；或者总是想吃，暴饮暴食，在短时间内体重明显增加。

自我伤害

有轻生的想法和念头，有些孩子会反复伤害自己的身体。

2 每个孩子的抑郁表现都不同

一千个读者眼中就有一千个哈姆雷特，心理问题更是千人千面。即使两个孩子年龄一样，性别一样，生活环境相似，他们的抑郁表现也会各不相同。

（1）有些孩子有明显的情绪低落

文文妈妈说："孩子很喜欢音乐，只要在家，要么听音乐，要么唱歌。最近一段时间，她不听音乐了，也不唱歌了，情绪低落，闷闷不乐，感觉很难过，还经常哭……她从小就爱美，喜欢穿漂亮衣服，最近却很少换衣服……"

也许父母无法确定哪里出了问题，但会有一种直觉：最近孩子情绪不好，有点反常，好像变了一个人，跟以前不太一样。这些异常和变化都在提示你，孩子可能遇到困难了。

（2）有些孩子有很多负面想法

佳佳说："最近睡眠很不好，晚上睡不着，总做梦。早上一点精神也没有，不想起床。"

晚上睡不着都干什么呢？

佳佳说："脑袋里有两个声音，一个说应该这样，另一个说应该那样。两个声音经常打架……每天什么都不想干,感觉太累了!"

很多孩子抑郁的主要表现在想法上,内心戏丰富,满脑子都是各种想法。他们可能非常在意他人评价,担心这个害怕那个,无法做出决定;也可能不断反思自己的错误,把一切不如意归咎于自己,认为自己"一无是处""没有价值",并因此不断自责、懊悔。

(3)有些孩子情绪暴躁,频繁发脾气

从去年开始,滔滔看手机玩游戏的时间越来越长。如果父母想跟他讨论一下学习,他会立刻大吼大叫,摔摔打打。

滔滔妈妈说:"以前孩子不是这个样子,他一直很听话。去年夏天他好像突然变了一个人,脾气特别大。"

面对抑郁带来的挫败和痛苦,很多孩子会把它们发泄到周围的人或事上,很容易跟父母起冲突,可能因为一点儿小事情,情绪就会失控。他们往往表现得消极对抗,比较"丧",沉迷网络,作息紊乱,不去上学,回避社交,并且不愿意改变现状。

这时候,父母心里要有一根弦,孩子有可能不是青春期叛逆,而是抑郁了,应该及时干预。

(4)有些孩子会出现身体不适

小娟从小身体弱,最近经常头疼、肚子疼。妈妈带她去医院,各种检查显示她身体一切正常。小娟尝试了很多方法,可头疼、肚子疼的"毛病"始终不见好转。

孩子的身体和心理处于发育阶段,非常敏感脆弱。情绪上有问题很容易在身体上表现出来。躯体症状里比较常见的有头疼偏头痛、胃疼肚子疼、心慌心悸、胸闷憋气，或者有一些慢性炎症、湿疹、过敏、发炎等。

如果孩子身体不适，可以先带孩子去医院做身体检查，同时要有一个意识：身体不适可能跟情绪压力有关。

（5）有些孩子会有睡眠问题

睡眠问题，比如失眠、多梦、易惊醒，是抑郁的常见表现。

小张同学经常做这个梦："我在家里睡觉，忽然闯进来两个人，蒙面拿刀，凶神恶煞，他们举着刀追赶我，从厨房到客厅，从阳台到卧室。我无处可逃，没人来救我……"

弗洛伊德认为梦是潜意识的表达，是探究一个人内心的重要途径。梦境不是真的，但是感受却很真实。

想象一下，一个孩子在自己家里，被破门而入拿刀追杀，会是怎样的感受？

小张的梦在表达他内心的感受：我很害怕，每天都生活在惴惴不安中，即使在家里也感觉不安全。

（6）有些孩子会表现出厌学拒学

自从被语文老师批评以后，小高同学就不愿意去上学了。他说："老师不公平，根本不是我的错！"

父母不理解，指责小高："你如果做得对，老师怎么会批评你呢？不要总说别人有问题，先反思自己是不是有错误。"

小高不服："明明是小张先招惹我的，为什么只批评我一个人？老师就是喜欢学习好的。"

父母很无语："有本事你也学习好点！"

迫于压力，小高在家里待了两天还是去上学了。但从那以后，只要上语文课，他就睡觉，不听课也不写作业，还隔三岔五请假。

这几年，青少年中厌学、不想上学的孩子越来越多。当孩子不想上学，经常请假、逃避上课或者无法上学的时候，父母就要考虑孩子会不会是抑郁了。

（7）微笑型抑郁、阳光型抑郁

有些孩子天天嘻嘻哈哈，像一个开心果，给身边的人带来轻松和快乐。如果我告诉你他可能抑郁了，你相信吗？

小丁同学从小就很乖很听话，从来不和别人发生冲突，同学都认为她是一个乐观开朗的人。可小丁告诉我："别人都觉得我很开心，好脾气，朋友多，其实我内心特别压抑，孤独，只是不愿意在别人面前表现出来，天天都在装，活得非常累。"

很多孩子表面上乖顺听话，积极向上，而内心深处却孤独、抑郁、压抑。这听上去很矛盾，但这确实存在，而且不在少数。这种抑郁被形象地称为微笑型抑郁、阳光型抑郁或者隐藏型抑郁。它的特点就是：抑郁却装作没事。活得很累，装得很好，整个人很拧巴。

微笑型抑郁的特点：

- 过分在意他人的评价和感受，不希望麻烦别人，不想给别人带来不好的影响。
- 认为自己不够好，害怕别人发现自己的缺点，害怕别人不喜欢自己。
- 自我价值感低，不接纳真实的自己，容易跟自己较劲。
- 当和同学发生冲突时，不敢也不会表达内心的不满，难以拒绝别人，常常压抑自己，讨好他人。

3 怎样区分孩子的状态是正常还是异常

有的父母感觉困惑："每个人都有心情不好、状态不好的时候，怎样判断孩子的情绪状态是正常还是已经抑郁了呢？"

孩子的情绪状态是正常还是异常，可以从以下几个方面来判断：

（1）情绪不适配

一般来说，情绪感受跟客观现实密切联系在一起。该难过的时候难过是正常的，该生气的时候生气也是正常的。

遇到高兴的事却唉声叹气，遇到难过的事却漠然微笑，对于年龄小、容易喜形于色的孩子们来说，这不是"不以物喜不以己悲"的境界，而是潜藏着风险和问题。

（2）反应过激

很多孩子会情绪敏感，反应过激，遇到一点小事就会有很大的情绪。

比如：作业没完成，被老师批评了，难过是正常的。可如果孩子一直哭，不想去上学，这样的情绪反应显然超出了一般范畴，需要父母格外关注。

（3）难以自行调整

正常的情绪像一条松紧带，有弹性有变化，可以随境而转，自行调整。

如果孩子的情绪好像失去了弹性，总是很低沉，不管干什么都不高兴，总是闷闷不乐，郁郁寡欢，难以自行调整，这时候父母就要警觉了。

（4）持续时间长

一般情况下，孩子的情绪很容易变化。如果发现孩子沉浸在某种负面情绪里，两三个星期了还是出不来，很可能孩子被情绪"卡"住了。

（5）影响学习生活

负面情绪或多或少都会影响生活状态，一般情况下孩子都能自行调整，不会造成很大的影响。如果孩子的情绪已经对生活和学习造成了严重影响，就应该引起关注了。

4 抑郁对孩子学习的影响

（1）学习态度变化

最初孩子可能流露出对上学不感兴趣，有不想上学的想法，在家长的敦促下，仍可以勉强上学。以后逐渐发展到以各种理由或借口请假、逃学，比如头疼、身体不舒服、和同学关系不好、老师对自己不公平、想在家自学等。家长和老师反复劝说也无济于事。

孩子一般很少外出玩耍，不和同学来往，常常独自在家里看课外书、看手机或者做自己想做的事，拖延，不写作业，对即将面临的考试、升学没有计划和打算。

（2）学习能力下降

很多孩子感到记忆力不如以前好，思维速度慢，思考问题困难，写作业花费的时间比过去多，有时候不能完成作业。孩子感觉自己不能全神贯注，注意力容易受外界干扰。有些孩子花了大量时间，尽了最大努力，但学习效果还是不好，学习成绩明显下降。

（3）自信心不足

每当考试临近，孩子就开始担心自己没有充分复习，考试成绩会很差，甚至不敢应考，在他人再三鼓励和敦促下才能勉强参加考试。

很多孩子由于内心过分担忧、焦虑、纠结，在"要不要去考试""考不好怎么办"之类的问题上耗费了太多心力，没有真正踏实学习、准备考试，结果考试成绩不如愿，孩子因此更受打击。

本章小结

- 孩子抑郁有很多种表现，每个孩子的抑郁表现都不同。
- 情绪是心理问题的信号员，可以通过情绪判断孩子状态是正常还是异常。
- 抑郁会严重影响孩子学业，如果孩子拒学、厌学，家长要考虑孩子抑郁的可能性。

互动练习一

抑郁自评量表

抑郁自评量表（SDS 自评量表），这是目前国内的医疗机构用得最多的抑郁自评量表，一共20个题目，可以让孩子自己测试一下。

重要提示：

（1）量表测评和诊断、评估不是一回事。这个量表只是参考，不作为诊断和评估依据。如果孩子分值比较高，一定要去医院做检查。
（2）即使孩子患抑郁症，也不太可能出现所有的症状。单独来看某一种表现，很可能像是正常生活波折起伏的一部分。但当好几个表现同时出现时，就说明孩子可能需要进一步帮助了。分数越高，孩子的情况越严重。
（3）如果孩子有自杀风险，出现轻生意念或自残行为，或者已经好几天拒绝上学，即使没有出现上面罗列的其他表现，也应该立即寻求专业帮助。

SDS 自评量表

请根据最近一星期的实际情况评分。

	没有或很少时间	小部分时间	相当多时间	绝大部分或全部时间	评分
1 我觉得闷闷不乐,情绪低沉。	1	2	3	4	
2 我觉得一天中早晨最好。	4	3	2	1	
3 我一阵阵哭出来或觉得想哭。	1	2	3	4	
4 我晚上睡眠不好。	1	2	3	4	
5 我吃得跟平常一样多。	4	3	2	1	
6 我与异性密切接触时和以往一样感到愉快。	4	3	2	1	
7 我发觉我的体重在下降。	1	2	3	4	
8 我有便秘的苦恼。	1	2	3	4	
9 我心跳比平常快。	1	2	3	4	
10 我无缘无故地感到疲乏。	1	2	3	4	
11 我的头脑和平常一样清楚。	4	3	2	1	
12 我觉得经常做的事情并没有困难。	4	3	2	1	
13 我觉得不安,平静不下来。	1	2	3	4	
14 我对未来抱有希望。	4	3	2	1	
15 我比平常容易生气、激动。	1	2	3	4	
16 我觉得做出决定是容易的。	4	3	2	1	
17 我觉得自己是个有用的人,有人需要我。	4	3	2	1	
18 我的生活过得很有意思。	4	3	2	1	
19 我认为如果我死了,别人会生活得更好。	1	2	3	4	
20 平常感兴趣的事,我仍然感兴趣。	4	3	2	1	

结果分析:

将 20 个项目的得分相加,即得总粗分。总粗分 × 1.25 = 标准分。标准分正常上限参考值为 53 分。

53~62 分为轻度抑郁,63~72 分为中度抑郁,72 分以上为重度抑郁。

第三章　分析孩子抑郁的原因

1 孩子为什么会抑郁

一粒种子要长成参天大树,需要具备各种条件,得有肥沃的土壤,足够的阳光,丰沛的雨水,合适的温度,还得没有闪电劈,没有洪水淹,没有蝗虫和病害,没有人肆意砍伐,最后还得有足够的时间。所有这些条件都具备了,这粒种子才能长成一棵大树。

孩子的抑郁也是一样,不会只有一个原因,而是多种因素一起作用的结果。通俗一点说就是"很多事儿凑到一起了"。相互影响,相互发酵,综合作用,并且这种情况持续一段时间,才会如此。

抑郁的影响因素可以从生理层面、心理层面和环境层面来分析。

（1）生理层面

家族遗传史

如果家族成员有精神方面的疾患，孩子抑郁的可能性会比普通人高。关系越近，可能性越高。

这并不意味着，父母有抑郁症，孩子一定会抑郁。一般认为，遗传因素是一种易感因子，只能说明孩子抑郁的可能性比别人大，并不意味着它们有完全的因果关系。

先天特质

天下没有两片相同的树叶，每个人天生都不同。即使处于婴幼儿阶段，孩子之间差异也是很大的。有的孩子大胆，乐观，大大咧咧；有些孩子敏感胆小，心细如麻。

目前较为公认的研究结果是，抑郁与神经质、消极人格特征关系密切。青少年处于人格的形成期，也会表现出一些类似的特点。

疾患和发育问题

身体疾患、先天障碍和发育性的问题要综合考虑进来。

比如，孩子有听力障碍，听说有困难，学习、生活和人际交往都会受到影响，当然也会有心理层面的影响。

一些先天性疾病可能已经治愈了，不会影响现实生活，但可能对孩子的心理造成了深远的影响。

（2）心理层面

童年经历

心理学研究发现，一个人早期的成长经历是一生情绪情感的底色。0~6岁的童年阶段对孩子至关重要。孩子出生后由谁抚养、抚养人的性格、与孩子的关系、家庭经济情况、家庭成员的关系、幼儿园阶段的表现等都非常重要。

父母对待孩子的方式就像是给孩子喂饭，你喂什么，他就感受什么。如果父母情绪稳定、积极乐观，孩子会感觉到放松舒适；如果父母情绪不稳定、抑郁焦虑、经常发脾气，孩子会产生消极、紧张、压抑的感受。

思维模式

抑郁的孩子普遍存在一些认知上的偏差，比如以偏概全、非黑即白、思维反刍等思维模式会更容易使孩子否定自己，陷入悲观无助的负面情绪。

认知不是天生的，是孩子在与周围人的互动中习得的，或者有样学样学来的，这些跟孩子的养育环境和生活经历密切相关。

（3）环境层面

环境和压力

人是环境中的人，压力大、冲突多、人际疏远的环境更容易使人抑郁。

对孩子来说，生活环境主要是家庭和学校，生活内容主要是学习和社交。学习上，要重点考虑升学、考试、适应新学校等压力。人际关系上，除了父母，还有同学、朋友、老师等重要关系人。

一般来说，孩子越小，受家庭的影响越大。从上小学开始，老师和同学的影响会逐渐加大。到了初高中阶段，同学朋友的影响会越来越大。

生活事件

数据显示，抑郁发作前92%的人有促发的生活事件。比如：

有的孩子可能遭遇家庭方面的压力，如父母打骂、夫妻离婚、突然生病、亲人离世等。有的压力可能来自学校，如考试失利、被老师责罚、被同学嘲笑、遭遇霸凌、转学适应困难等。

一些困难对成年人来说不是问题，但对孩子来说，却是很大的压力。

2 为什么青春期孩子容易抑郁

青春期是抑郁的高发阶段。这个阶段，孩子的身体发生了明显的变化，在社会、心理和角色方面遇到一系列挑战，学业成绩和人际关系让孩子们倍感压力。

（1）大脑飞速发展

青春期的大脑处于飞速发展和整合阶段，而掌管理性思维和控制情绪的前额叶皮质还没有发育成熟。也就是说，此时的大脑有点"混乱"，大脑的一部分在飞速发展，一部分又不成熟。

（2）激素水平高

性激素会刺激大脑边缘系统，而边缘系统与情绪密切相关，焦虑、抑郁、恐惧、愤怒这些情绪都来自边缘系统。

大脑影像显示，在青春期里，大脑边缘系统的反应比人生中任何阶段都更加强烈。

（3）身体发育快

孩子们长得更高了，身体处于快速发育的阶段。他们陆续发育出成年人的特征，比如体毛、乳房等，身体功能也有变化，如男孩的勃起、女孩的月经等。

青春期的孩子比任何阶段都更加在意自己的外貌和他人的评价。

（4）自我探索中的迷茫

青春期孩子开始思考我是什么样的人、社会怎么样、别人怎么样、我为什么和别人不一样等哲思问题，这种自我探索容易让孩子感觉彷徨、惆怅、孤独。

（5）学习和社交压力大

青春期正值初高中阶段，中考、高考带给孩子们的学习压力很大。

除了学业压力，青春期的人际关系压力也很大。孩子开始推开父母，走向同龄人。跟父母的关系，跟同龄人的关系都容易遭遇困扰。

青春期是人一生中精力最充沛的阶段，变化迅速，又特别容易受挫，容易产生各种情绪困扰，我们对青春期的孩子应该给予更多理解和关注。

3 为什么有的孩子会抑郁，有的不会

18 岁正在读大一的女孩小文，经医生诊断，正遭受中度焦虑、中度抑郁。

小文说："大学课程很多，每门课的要求都不一样，学分上的，考勤上的，社会实践上的，很复杂……舍友成绩比我好，看见她们学习，感觉压力很大……我最害怕上台演讲了，别人都表现得很自然，我结结巴巴，不敢说话……现在我每天都很难受，很想哭，没办法适应大学生活，我想退学。"

抑郁爆发出来，往往是因为这样那样的事件，比如学习压力大、被老师训斥、同学之间发生矛盾，等等。这些事件统称为触发事件。

具体到小文身上，触发抑郁的事件可能是面对大学的新环境新要求，小文感觉压力很大，上台演讲让她更加焦虑、紧张，不断否定自己，难以应对大学生活。

我们常常会认为是触发事件导致抑郁，压力让小文抑郁。可问题是:同学们都是大一新生,面对同样的压力,为什么只有小文抑郁了?

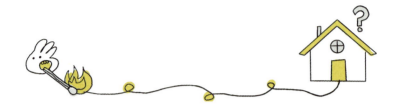

触发事件不会导致抑郁,只会促发抑郁。

触发事件就好比是导火索。导火索被点燃了,房子不一定会炸,关键是房子里有没有炸药。表面上看,抑郁可能跟一些具体事件相关,然而这只是表象。如果孩子有相应的储备和能力,即使遭受挫折,也能够自我调整,这些压力和事件都会被解决,不会成为促发抑郁的导火索。

真正导致抑郁的,不是触发事件,而是在压力下孩子的反应模式:怎样认识压力?如何面对和化解压力?孩子有没有匹配的能力?能不能得到足够的支持和帮助?面对压力的反应模式,决定了孩子是否能够应对压力。

4 孩子是什么时候开始抑郁的

小军妈妈来找我。她说:"半年前,我向你咨询过一次,你建议带孩子来做咨询,我和爱人担心孩子敏感,没过来。现在问题越来越失控,孩子一个多月不去上学了,我们实在没办法了。"

这样的情况我碰到过很多。孩子早就有抑郁的表现，可惜父母有顾虑，抱着侥幸心理，希望孩子能自行恢复，没有及时干预，直到严重了、失控了，才不得不面对。

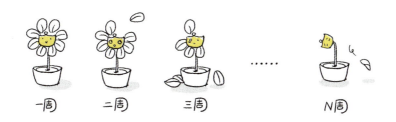

健康和抑郁不是硬币的两面，这一面是健康，那一面是抑郁，非此即彼。就像黑和白之间有不同程度的灰，健康和抑郁也是一个连续谱。

你可以把抑郁看成是一条线，从 0 到 100，孩子的抑郁逐渐加深。当严重到一定程度时，孩子时不时地表现出一些异常，就像半年前的小军，经常情绪失控，和同学冲突，和老师对着干。这个时候如果还不干预，抑郁就会继续加深，直到某一天完全失控。

经常听到有些父母说："孩子以前挺好的，怎么突然就抑郁了呢？"抑郁是突然降临的吗？孩子从什么时候开始抑郁的？

如果没有突发意外的重大创伤，抑郁是不会突然找上门来的。当我们沉下心来仔细回想，就会发现抑郁早就有苗头了。很久以前孩子就表现出这样那样的问题了，只不过那时候父母没有发现，或者发现了，没有太当回事儿。

抑郁不是突然降临的，而是被突然发现的。

很多时候，我们会把去医院，医生给出确切诊断的那一天当成是抑郁的起点。但这真的是起点吗？孩子是那一天突然抑郁的吗？

前一天呢？一个月以前，半年以前呢？

冰冻三尺，非一日之寒。不管是身体疾病，还是心理问题，都有一个缓慢累积的过程。检查出生病可能是在某一天，但积累的过程已经延续很长时间了。

这个世界上，除了一些天灾人祸的意外是突然降临的，没有什么是偶然的。只是，你能不能拨云见日，梳理清楚其中的因果。

孩子处于成长和发展阶段，遇到问题很正常。这个时候孩子的变化很快，就算有心理困扰，修复起来也很快。同样的，恶化起来也很快。

我做心理咨询很多年了，见了太多被卡住、停滞下来的孩子。其实刚开始，这些孩子并不严重，拖延回避让问题持续下来，变得严重了。孩子在成长阶段，一旦脱离轨道而不及时干预，付出的代价就太大了。

本章小结

- 导致抑郁的原因非常复杂，包含生理、心理和环境三个层面。
- 青春期孩子大脑、身体、心理都在飞速发展，学业和人际压力很大，容易抑郁。
- 触发事件不是导致抑郁的根本原因，而只是促发了抑郁。
- 抑郁往往不是突然降临的，而是被突然发现的。

互动练习二

分析抑郁原因

回答以下问题,从生理、心理和环境三个层面,看看孩子抑郁的原因有哪些。

分类	原因	孩子的状况
生理层面	家族成员是否有精神疾患?	
	孩子的先天特质怎样?	
	孩子的成长发育正常吗?是否有身体疾病?	
心理层面	孩子童年由谁抚养?抚养的情况怎样?	
	孩子幼儿园、小学、初高中的表现怎样?	
	父母性格怎样?亲子关系怎样?	
	孩子性格怎样?喜欢做什么?经常想什么?	
环境层面	孩子的家庭环境怎样?	
	孩子的学校环境怎样?	
	孩子现在面临什么压力和困扰?	
	最近发生了什么事引发了孩子情绪状态的变化?	

第四章　制订干预方案，建立支持系统

1 怎样制订干预方案

如果孩子持续发烧，你会怎么办呢？

得去医院，先检查检查，做一些必要的化验，看看到底是怎么回事。不管是吃药、打针还是住院，得先去医院。准确的诊断是所有治疗的第一步。

身体不舒服就要去医院，这是常识了。如果是心理问题呢？如果发现孩子有抑郁的表现，该怎么办呢？

（1）重视专业评估

一个医生朋友告诉我，所有的疾病，最重要的就是诊断、诊断、诊断！

"诊断"是医生的用语，我是一名心理咨询师，套用这个逻辑，所有的心理问题，最重要的就是评估、评估、评估！

早期的评估是后续一切干预的基础和前提。否则，不仅不会有好效果，还会耽误治疗。

父母发现孩子状态异常后，可以先和孩子一起做一个自评。但出于更加保险的考虑，我会建议你及时带孩子去医院做检查，或者找心理咨询师做专业评估。

这样做有两个好处：

一是准确判断孩子是否抑郁。抑郁、焦虑、双相情感障碍，表现会有很多相似之处，但它们不一样，干预方式也不一样。

二是科学判断孩子抑郁的程度。轻度、中度、重度，抑郁程度不一样，干预方式也会不同。

（2）分析孩子抑郁的原因

孩子抑郁的原因不同，干预方法也就不一样。分析孩子抑郁的原因，我们才能有的放矢地开展工作。

如果孩子有家族遗传史或其他病史，建议请教精神科医生。

如果家庭教育有问题或者养育中有很多创伤，建议和心理咨询师合作。

如果孩子当下有压力事件，比如被霸凌、被孤立，父母需要和学校合作，有针对性地帮助孩子解决这些人际困扰。

（3）多管齐下的干预方案

为了能够让孩子以最快的速度摆脱抑郁，建议父母采用多管齐下的干预方法，可以从以下五个方面考量，结合具体情况，为孩子量身定制抑郁干预方案。

情感支持：来自家人、朋友、医生、心理咨询师等的情感支持、安慰和同情。

心理咨询：包含个体咨询、家庭咨询、团体咨询等。

养生之道：健康饮食、规律睡眠、锻炼身体、练习冥想、学会放松等。

有动力的学习：应对学习压力需要持续不断的动力，发现孩子的优势，让他不断体验成功，才能帮孩子找到学习的乐趣和价值。

药物治疗：医生的处方药有时候会起到不容忽视的作用。

2 抑郁能不能自己好起来

"抑郁了，能不能自己好起来？"经常有人问我这个问题。有些人会换个问法，"我不想吃药，能不能不去医院？""我最近事比较多，能不能先不做心理咨询？"

这些问题都是在问：抑郁了，可不可以不管？

要回答这个问题，我想换个方式来问你：骨折了，能不能自己好起来？

有时候能，有时候不能。

如果伤得不严重，在家里自己包扎一下，也可以好起来。不过这样处理风险很大，要忍受痛苦，还可能会留下后遗症。如果是严重的骨折，不去医院治疗是万万不行的，不仅伤口会感染，还可能危及生命。

抑郁也一样，也有各种大病小情，要看孩子的程度和表现。

如果没有进行任何干预，孩子可能会有三种表现：

（1）孩子抑郁程度较低，家庭功能较好，孩子没有服药，也没有进行心理咨询，半年或一年以后很可能痊愈了。

（2）同样的情况没有任何干预，抑郁可能也会有所减轻，但残留了一些症状，如睡眠问题、头疼、负面认知等。有数据表明，大约 20%~35% 的抑郁症患者会有残留症状，社会功能会受到影响。这次抑郁好像"好了"，可没过多久又卷土重来。

（3）还有一种情况也很常见：一段时间后，孩子抑郁不仅没有减轻，反而越来越严重。

如果孩子骨折了，所有父母都不会置之不理。人人都知道骨折的痛苦和伤害。可如果孩子抑郁了，父母的处理方法却会大相径庭。

这并不是因为抑郁不痛苦或者危害不大，而是因为很多人对它不了解。其实，抑郁的痛苦和危害一点也不比骨折轻啊。

有一次，我告诉一个爸爸这三种可能性，他本来一脸凝重，听了以后忽然轻松了，"那我们不去医院了，孩子肯定是第一种"。

这就是我最害怕见到的结果。你怎么确定孩子是第一种情况呢？如果是后两种，你知道这个代价有多大吗？

大部分人都会定期做体检，体检就是防患于未然，在疾病刚刚露头的时候及早发现，及早干预，尽可能让疾病消失在萌芽状态。

心理问题也是一样，都已经发现孩子抑郁了，为什么还要怀抱侥幸心理等待观望呢？回避和拖延只会延误治疗，增加痛苦。

如果发现孩子状态异常，一定要重视起来，可以先在家庭里尝试调整和改变。如果几天后孩子状态没有改善，一定要及时求助专业力量。

3 如果孩子抑郁了，可以找谁帮忙

抑郁的孩子常常感到无助、孤独，觉得很难被周围人理解。此时，父母、朋友的支持对孩子非常重要。父母要有意识地帮助孩子构建一个支持系统，并且告诉孩子，当他需要倾诉或者需要帮助的时候，可以去找谁帮忙。

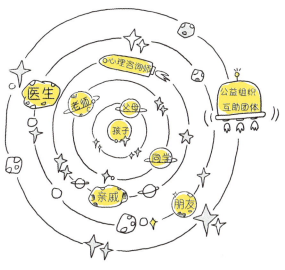

孩子抑郁时的支持系统

（1）父母及家庭成员

父母和孩子生活在一起，与孩子接触时间最长，对孩子影响最大。同时，父母也是孩子最方便找到的支持力量。

如果家庭成员里还有其他人和孩子的关系比较近，比如爷爷奶奶、叔叔姑姑、哥哥姐姐，也要把这些人纳入孩子的家庭支持力量。

（2）学校老师

学校老师常常是最先发现孩子状态异常的人。家长要多跟老师沟通，不仅要了解孩子的学习情况，还要了解孩子在学校的各种表现。

现在小学、中学和大学基本都配备了心理咨询室和心理老师，是孩子们最容易接触到的专业资源。

（3）同学、朋友

孩子状态不好，常常会向同学和朋友倾诉。因为有着同样的年龄、相似的生活环境，同学和朋友往往能够提供更多的理解和支持。

（4）心理咨询师

心理咨询师是帮助孩子解决心理困扰的专业人员，可以帮助孩子克服抑郁情绪，调整负面认知，改变行为和习惯，助其更好地成长和发展。

选择心理咨询师，给你两点建议：

- 看专业背景和受训经历，咨询师要擅长情绪问题（如抑郁、焦虑）干预和咨询。
- 孩子的心理咨询有独特之处，咨询师需要有儿童青少年咨询经验。

（5）精神科医生

如果孩子抑郁比较严重，有过自伤行为或者不能上学了，一定要及时带孩子去医院。就算孩子抑郁不严重，去医院做个专业筛查也是好的。

选择医院，给你两点建议：

- 第一选择是精神专科医院。
- 第二选择是大医院的精神科或者心理科。

（6）其他互助组织

有很多应对抑郁的公益组织，在很多城市有免费的心理危机干预热线,网络上也有一些互助小组,这些都是可以利用的资源。

父母、老师、同学、朋友、心理咨询师、精神科医生、互助组织,从家庭到学校、社会,从生活起居到专业干预,这是一个围绕孩子的支持系统,大家一起努力,为孩子保驾护航。

我们要告诉孩子,"抑郁并不可怕,碰到困难时,你不是孤军作战,有那么多人可以帮助你"。

孩子拒绝改变怎么办

一些父母告诉我:"孩子天天把自己关在房间里,一个人待着,看手机打游戏,不愿意跟我们说话……我们想带孩子去医院,他不愿意去,也不同意做心理咨询,怎么办呢?"

这种情况不在少数。孩子状态不好,但拒绝就医,拒绝改变,不愿意和父母沟通,父母着急又无奈,怎么办呢?

首先,我们要明确,抑郁、焦虑属于情绪情感方面的问题,情绪不好就是心理感受不好，所以，当孩子抑郁、焦虑的时候，首先感受不好的就是他自己。

一个人饿了，最先感受到饿的人一定是他自己。如果孩子抑郁了，他可能不知道那是抑郁，但一定是最先感受到不舒服的人。

那么问题来了：孩子自己感受很不好，却不愿意调整，这是为什么呢？

为什么宁愿难受也不改变呢？

去医院、去找心理咨询师对孩子又意味着什么呢？

孩子怎样理解抑郁这回事？

是什么阻碍孩子向他人求助呢？

（1）不想改变可能正是抑郁的表现

抑郁以后，人的想法会比较消极，行为上也会比较被动、退缩，比如不想出门，不想跟别人说话，不想去学校等。所以不想去医院，不想找心理咨询师，很可能正是孩子抑郁的一种表现。

如果是这种情况，孩子消极回避的状态就是一种抑郁的"提示"，是一种无声的表达，仿佛在说："爸爸妈妈，我的状态很不好，我被抑郁卡住了，我需要帮助！"

（2）孩子和父母一起回避抑郁

很多家长害怕跟孩子谈论抑郁，担心孩子一旦知道自己抑郁了，情况就会更加严重。有的家长发现孩子上网查询抑郁的信息，他们明明很担心，却装作什么都没看见。

这种避而不谈的气氛很奇怪。孩子觉得自己可能抑郁了，父母也觉得孩子抑郁了，一家人都很紧张，但就是闭口不谈。抑郁成了房间里的大象，明明在那里，但是大家都假装看不见。

如果是这种情况，建议父母主动跟孩子讨论心理困扰，谈一谈焦虑和抑郁到底是怎么回事。

（3）孩子可能在对抗父母

如果家庭关系不和谐，亲子冲突较多，孩子可能把父母的建议当成对自己的否定和指责。对他们来说，去医院、去见心理咨询师就是承认自己有问题，做得不好、不对，正好验证了父母常说的"你有错误，你应该改变"的指责。

当父母和孩子站在对立面的时候，父母的所有建议只会带来对抗，不会带来合作。你建议他去医院，他不会去；你建议他做咨询，他也不会做。你的任何建议他都不愿意听，甚至你一说话，他就反感。

这不是孩子的问题，是关系的问题，亲子关系太差了。孩子不信任父母，对父母请来的人，如医生和心理咨询师，也是一概不信任。

如果孩子在跟你对抗，你首先要做的就是调整亲子关系。

如果孩子非常坚决，就是不去医院不见咨询师，父母可以自己先做心理咨询。这不是说父母有错误，而是在目前的僵局下，父母先做调整才能改变亲子关系，亲子关系改变了，孩子才可能发生改变。谁对谁错不是重点，能够帮到孩子才是目标。

（4）孩子可能从中"受益"

抑郁不是好事，但是孩子确实可能从中"受益"，比如可以睡懒觉，可以玩手机，可以不写作业，可以迟到，可以请假，可以暂时逃避学习压力和人际关系等。

长远来看，这些都不是什么真正的好处。但是孩子看不到这么远，能够让自己暂时舒服一点就好。就像鸵鸟一样，他们把脑袋埋进沙土里，只要这一刻不用面对就好。

另外可能还有一些隐形的好处。比如，孩子发脾气的时候，父母容忍度高了，身边的人会提供更多关注和照顾。因为孩子状态不好，出差的父母不出差了，想离婚的不离婚了，天天吵架的也不争吵了，等等。

对孩子来说，这些也是他们渴望的好处。

咨询中，经常有孩子告诉我："我抑郁以后，父母改变了很多。爸爸不再发脾气了，妈妈也理解我了。他们之所以改变，就是因为我抑郁了，所以我不想好起来。我害怕等我真的好了，生活又会回到以前。"

总之，孩子不想去医院或找心理咨询师可能有多种原因，父母要去了解和分析孩子是怎么想的，然后有针对性地做工作，才能够帮助孩子走出求助的第一步。

本章小结

- 发现孩子抑郁，要重视专业评估，分析孩子抑郁的原因，制订多管齐下的干预方案。
- 及时发现，尽早干预，才能让孩子尽快好起来。拖延、回避会延误治疗，只会增加痛苦。
- 父母要帮助孩子构建支持系统。
- 孩子拒绝干预可能有多种原因，父母要有针对性地做工作。

互动练习三

制订干预方案

1.按照下面的流程,和孩子一起制订抑郁干预方案。

第一步,用"抑郁自评量表"进行测试。

第二步,分析导致抑郁的原因。

第三步,制订战胜抑郁的干预方案。

2.以下是导致孩子抑郁的主要原因,和孩子一起分析讨论,看看哪些因素导致了孩子抑郁。

家族遗传_____   学校环境_____

先天特质_____   童年经历_____

身体疾病_____   压力困扰_____

家庭环境_____   生活事件_____

亲子关系_____   思维模式_____

3.按照重要程度从最重要到最不重要,列出可能导致孩子抑郁的五大原因:

(1)_____

(2)_____

(3)_____

(4)_____

(5)_____

4 针对这些原因,制订战胜抑郁的干预方案。你们的想法和计划有:

(1)_____

(2)_____

(3)_____

(4)_____

(5)_____

3

拥抱抑郁小孩

第三部分

父母的自我提升

第五章　孩子抑郁，为什么父母要成长

1 孩子抑郁跟父母有没有关系

网络上，有一个点赞量很高的问题："什么样的父母会养出抑郁的孩子？"很多人认为孩子抑郁了，肯定是家庭教育有问题，肯定是父母有错误，还有人说"父母皆祸害"，都是因为父母做错了，孩子才会抑郁。

看到这种言论，不管是作为一个妈妈的我，还是作为一名心理咨询师的我，都感觉有点难过。孩子抑郁了，父母着急又无助。对深陷困境的家庭来说，这样的指责太缺乏体恤和理解，太不友好了。就好像一家人落难了，围上来一群人指指点点："你们就是有错呀，难怪会这样！"

没错，家庭教育很重要，父母对孩子的影响大过天，很多孩子抑郁的确跟父母有关系，这些是事实。但是，生活很复杂，所谓的"事实"其实有很多面，只强调这一点有失偏颇，难免以偏概全。

首先，抑郁是个非常复杂的问题，到底是哪里出了问题，每个孩子的情况都不一样，没有一个标准答案，需要具体问题具体分析。

有的孩子抑郁可能有生理方面的原因，有些孩子抑郁跟父母的养育有关系，有些孩子是学习和人际关系上遭受了挫折，有些孩子是遭遇了意外或者生活发生变故……

所有孩子都有可能抑郁,无论什么样的家庭都可能遭遇挑战,不能简单粗暴地责怪父母。

父母也是人,不是神,不会因为生养了孩子,能力和格局就自动提高了。人都是有血有肉、会烦会累、有短板、有局限的。

没有十全十美的人,也就不存在十全十美的父母,当然也就不会有100%理想的原生家庭。无论哪一种家庭都有优势,也都有各自的问题。

说了这么多,不是为父母推脱责任。恰恰相反,不管问题出在哪里,父母都应该是解决问题的人。

不管发生了什么,不管是谁的错,父母都有责任帮助孩子走出困境。所以我特别反感"父母皆祸害"这种说法,指责了大半天,最后起主导作用的不还是父母吗?

在这个世界上,最爱孩子的人一定是父母。没有父母希望自己的孩子出问题。在养育孩子这件事上,父母一定会尽自己最大的努力。虽然某些言行未必正确,但父母都有深爱孩子的初心本意。

让爱变形或者无力的,不是这份初心,而是很多父母压根儿就不会爱,或者不知道怎么去爱。这不全是他们的错,因为他们也是这样被自己的父母养大的。但这也确实是为人父母的不足之处,是应该学习和成长的地方。

孩子抑郁了,遭遇挫折了,不管父母是被迫的也好,自愿的也好,这都是一个实现自我成长的契机,一个成为更好父母的机会,接住了,别浪费。

2 父母和孩子相互"传染"

一个孩子的妈妈说:"孩子抑郁后,全家人都小心翼翼,看着孩子的脸色,提心吊胆地生活。孩子开心,家里气氛就轻松一点。孩子要是耷拉个脸,一家人心情都很差。这样的日子度日如年,看不见一点点亮光,我觉得我也抑郁了。"

孩子抑郁,灰心丧气;妈妈焦虑,无助;爸爸挫败,愤怒。表面上看,抑郁的是孩子,其实一家人状态都不好,甚至有时候,父母的情绪问题比孩子还严重。

一般成年人的心理咨询，咨询师只需要跟来访者一个人工作，而在儿童青少年的咨询里，咨询师要两手抓，一边是孩子，一边是父母，双管齐下才能有好效果。

这样安排基于两方面的考虑：

（1）人都是受环境影响的。对于孩子来说，家庭是最重要的环境，父母是最重要的影响人。

（2）情绪具有极强的"传染性"，一个人的情绪会影响一家人的状态。孩子会影响父母，父母也会影响孩子。

人类对情绪的感知是一种本能。情绪就像是一种病毒，很容易在人与人之间"传"。比如你上班看到同事很开心，春风满面，你也会莫名地高兴起来。如果一到办公室就看见领导黑着脸训斥别人，即使你没有被训，心情也会立刻低沉下去。

家庭中的这种"传染"会更加明显。你下班回到家，打开门，看见老公和孩子的一瞬间，即使还没说任何话，你就已经知道每个人的情绪好不好，而你此刻的情绪就已经受到影响了。

有一个著名的"踢猫效应"。一天，老板很生气，责骂员工。员工无故被骂，满心愤怒，回到家看到老婆没有做饭，对着老婆一通发火。老婆也很生气，正巧儿子在一旁捣乱，她就把气撒在了儿子身上。儿子三五岁，被妈妈责骂很愤怒。旁边小猫正在玩儿，儿子对着小猫就是一脚。

老板的愤怒传给员工，员工的愤怒传给妻子，妻子的愤怒传给儿子，儿子的愤怒传给小猫。"踢猫效应"说的就是愤怒在家人之间的传递。

抑郁也是如此。孩子情绪低落，父母很容易被传染，也会有压抑、无力、沮丧的感受。如果父母对此没有觉察，就很难抽身出来，无法给孩子安慰和力量。

很多父母难以承接孩子带来的压抑和无力感，往往会以烦躁、愤怒这些不耐烦的方式回应，造成亲子冲突，加剧孩子的负面情绪。

这就好比孩子不慎落水，不会游泳的父母跳河去救，不仅救不了孩子，反而搭上了自己。

当孩子抑郁时，父母要有所准备，这种准备包括金钱、时间和精力上的准备，也包括情绪情感方面的准备。孩子可能随时丢过来一堆"情绪垃圾"，需要父母去承接、消化和处理。父母只有先处理好自己的情绪，才能有效帮助孩子。

3 孩子的"问题"可能不只是孩子的

一说起孩子的"问题",很多父母滔滔不绝:学习没动力,拖拉,不认真,手机成瘾,不按时睡觉,没礼貌,发脾气……

在他们眼里,孩子就是一台出了问题的机器。父母常常把坏了的机器(孩子)带到修理厂(心理咨询室),找个修理工(咨询师)来好好修理修理。

"谁的问题谁负责,孩子有问题,就得孩子自己去改变呀。"

这个逻辑很有道理,但放在孩子身上就有点问题。

问题出在孩子身上,是因为他们最弱小,最容易受环境影响,但并不代表需要改变的只有这个孩子一个人。孩子是未成年人,处于成长发育阶段,很多时候他们只能被动接受,没有能力选择。

20世纪60年代,美国一位叫萨提亚的心理学家发现一个有趣的现象。当时,她正在治疗一个女患者。经过一段时间的干预,这名女性的状态有了明显改善,然后她回到了家里。可没过多久,她以前的问题又出现了。

这次她和妈妈一起来到咨询室。当这对母女同时坐在咨询室里时,萨提亚惊讶地发现:女患者和以前判若两人!

萨提亚建议母女一起接受咨询。很快患者又有了改善,和妈妈的关系也更和谐了。可她们回家后不久,问题再次出现了。

这一次,萨提亚邀请父亲一起参与咨询。当父亲来到咨询室,惊人的一幕再次重演。女患者和妈妈都表现得和平时不一样!

萨提亚受此启发创立了家庭治疗。这种方法并不只是把个人的问题作为问题,而是把个人放到其生活的整个家庭环境中来观察,对家庭开展干预和调整。

面对孩子,我们要有家庭观和系统观,不要把所有的精力聚焦在孩子的"问题"上,一叶障目。要从"问题"中心向外扩展,扩展到孩子的生活和压力，扩展到家庭和亲子关系，甚至要考虑到家庭所处的时代和社会环境。

4 你是成熟的父母吗

人们总是默认作为成年人的父母会比孩子更成熟，但其实在很多家庭里，父母可能并不像成熟的成年人，有时候他们更像孩子。网上有人评论说，"哪有什么父母，只不过是孩子（不成熟的父母）养孩子"。

情感不成熟的父母有四种类型：情绪型父母、驱动型父母、消极型父母、拒绝型父母。

（1）情绪型父母

情绪型父母的情绪不稳定并难以预测，容易大发脾气，极其依赖他人安抚自己。他们会把自己的负面情绪放大到整个家庭之中，每个人都会卷入其中，好像世界末日来临一样。

与情绪型父母相处，孩子没有安全感，很会看脸色，小心翼翼，仿佛在钢丝绳上行走。

（2）驱动型父母

驱动型父母习惯追求完美。他们对孩子要求比较高，也乐于花费时间和精力来掌控孩子的生活。他们会选择各种方法迫使孩子走上他们所设想的道路，而不管孩子真正的兴趣和感受是怎样的。

与驱动型父母相处，孩子无法获得无条件的爱。在父母强大的压力和控制下，他们感觉紧张无措，不能放松表达，没有空间做自己。

（3）消极型父母

消极型父母可能是爱孩子的，但是他们无法成为孩子的依靠。当孩子受伤时，消极型父母往往视而不见，或者找各种原因逃避，让孩子自己去面对和解决问题。

与消极型父母相处，孩子无法获得较好的照顾和保护，不得不"独立"。被忽视的感觉让孩子内心委屈，压抑，价值感低，认为自己不配得到更多爱。

（4）拒绝型父母

拒绝型父母周围似乎有一堵墙。他们更乐于待在自己的世界里，回避和孩子互动，不愿意做情感上的交流。当孩子想要获得父母的回应时，拒绝型父母会变得很不耐烦，甚至非常愤怒。

生活在拒绝型父母身边，孩子会感觉到自己被嫌弃，被忽视，好像是父母的累赘，没有价值感。有些孩子会认为，如果自己不存在，父母会过得更好。

情感不成熟的父母，表面上看起来可能没有什么问题，举止正常。但在家庭生活中，特别是跟孩子互动时，他们会表现出情感不成熟的一面，无视孩子的情感需要，沉浸在自己的模式中，不能与孩子做情感联结。同时，他们还会不自觉地利用孩子来让自己感觉更舒服，导致父母和孩子关系倒置。

5 怎样成长为更好的父母

养育孩子，父母靠的是什么？

有父母说："靠钱呀，现在干什么不花钱，养个孩子多贵啊！"

有父母说："培养孩子关键得有时间。"

是的，肯定得花钱花时间。可有了时间和钱就能够把孩子培养好吗？新闻里那些不争气的孩子，家庭条件都不错，还是不走正道啊。

有父母说："靠父母的责任心，靠父母爱孩子。"

父母都爱孩子，这些年的咨询中，我常常被这种爱的力量震撼和打动，亲眼所见很多父母做出巨大牺牲和改变。可如果爱孩子就能把孩子培养好，恐怕就不会有那么多孩子抑郁了。

如果现在要打仗，你问一个人："你拿什么去打仗？"他振臂高呼："我有信心！"你觉得靠谱吗？

实实在在的战斗，除了信心，还得有武器和装备啊。

一个爸爸说："孩子就是我们家的未来，我非常爱孩子。"

"具体说说，你是怎么爱他的呢？"我问。

他一脸困惑："怎么爱他？就是觉得孩子很重要……还要怎么爱他？"

培养孩子，爱和责任心当然很重要，可光有愿望远远不够，必须得把爱转化到生活里，转化到点点滴滴的陪伴和养育过程中。

心理学家弗洛姆在《爱的艺术》这本书里说："爱是一种持续的有意义的付出。"

对这句话，我的理解是：爱不是一个名词，而是一个动词。心里有爱只是一种感受，真正的爱是去付出去做，把它化成琐碎的生活，化成陪伴孩子的点点滴滴。

光有爱的初心不够，还得会爱！爱不仅仅是一种感受，一种愿望，更是一种付出和行动，是一种能力！

一个妈妈说："我可以对孩子掏心掏肺，但是，没办法对他不吼不叫。"

这话我信。很多妈妈都是这样，为了孩子能够付出一切，需要去死都不会眨眼。

可问题是，现实生活中，需要我们献出生命的时候很少。大多数时候，我们面对的都是一地鸡毛，一堆鸡零狗碎的小事。这些不起眼的小矛盾和小冲突就像鞋子里的沙子，不会要人命，却让人天天抓狂。

归根到底，爱不仅是一种愿望，更是一种能力。我们得有面对实际困难，解决实际问题的能力。工欲善其事，必先利其器。想要教育好孩子，我们自己必须先有能力。没有情绪控制能力，没有沟通能力，认知广度和深度达不到，就算你再爱孩子，也很难真正帮助他们。

我觉得，心理健康对父母来说尤其重要。有一个情绪稳定、积极乐观、脾气好、善沟通的父母，是孩子一生最大的幸运。

本章小结

- 不要过度指责父母，父母是解决问题的人。
- 情绪很容易传染。当孩子被抑郁"淹没"时，父母要做会"游泳"的人。
- 孩子的"问题"可能不是孩子的，而是整个家庭出了问题。
- 四种情感不成熟的父母：情绪型、驱动型、消极型、拒绝型。

互动练习四

父母成长计划

好父母不是天生的，是需要学习成长的。困难既是孩子学习的机会，也是父母成长的契机。让我们一同开启父母成长计划！

1. 如果给"做父母"这件事打分，"0"分代表非常糟糕，"100"分代表非常优秀，你给自己打多少分？请在下图中标注出来。

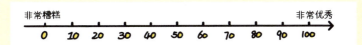

2. 你希望自己成为多少分的父母?也请在上图中标注出来。

3. 做父母,哪些地方你做得很好?

(1)_____

(2)_____

(3)_____

4. 做父母,哪些地方你做得不足?

(1)_____

(2)_____

(3)_____

5. 针对这些不足,你的成长计划是:

(1)_____

(2)_____

(3)_____

恭喜你,为了成为更好的父母勇敢迈出第一步!加油!

第六章　情绪：改变消极情绪，积极应对抑郁

1 孩子抑郁了，父母的状态怎么样

孩子是父母的"命根子"，如果孩子出了问题，最着急最痛苦的人肯定是父母。孩子抑郁了，父母的状态也不会太好。

（1）焦虑，担忧

"孩子昨天又说不想上学……不听课，也不写作业，这样肯定影响中考……他还发脾气，什么时候能好起来啊……"如果不打断，小张妈妈会一整天都在担忧哀叹。

心理咨询师问："你最近好吗？我感觉你很焦虑，很担忧。"

小张妈妈眼泪掉了下来："自从知道孩子抑郁了，我就没睡过

一个整觉，每天都在想这件事，没心思上班，心慌，憋气，惶惶不安，我感觉自己快要撑不下去了。"

孩子抑郁时，焦虑、担忧是父母最常见的一种状态。如果对抑郁不了解，焦虑感会更严重，甚至出现心慌、心悸、肠胃不适、失眠、多梦等多种身体反应。

（2）愤怒，指责

小军刚上初中，开学没几天就不愿意去学校了，后来他断断续续请假，两个月以后彻底不去上学了。从请假开始，家里就暗流涌动。爸爸指责妈妈没有把孩子教育好，妈妈抱怨爸爸只顾工作不管孩子。孩子一会儿和爸爸打，一会儿和妈妈吵。父子关系恶化，夫妻关系岌岌可危。

小军爸爸非常气愤："无法理解！现在条件这么好，为什么不去上学？他说老师和学校有问题，为什么别人能去，他就不能去！"

抑郁会影响孩子的学习和生活，很多孩子会变"懒"，不想起床，回避压力，学习成绩下降，甚至不想上学。对大多数父母来说，这些都是难以理解难以接受的，愤怒和指责也就不可避免了。

（3）内疚，自责

"听到医生说孩子抑郁了，我头'嗡'的一声，后面的话就听不见了。没有把孩子养好是我的错，我对不起孩子，我不是个好妈妈……我天天回忆之前的事，越想越后悔，越想越自责，当时我怎么能那样说呢？我不是个称职的妈妈。"

孩子抑郁，父母会深受打击，难免自责。很多父母会不断回想之前跟孩子互动的场景，内心愧疚，不停地责怪自己。

（4）抑郁，无力

佳佳妈妈说："孩子抑郁了，感觉天都塌了。我告诉她，丧丧的也是一天，开开心心的也是一天，咱们应该让自己高兴一点。孩子听不进去，状态越来越差。我每天度日如年，看不见一点点亮光。"

孩子抑郁，父母手足无措，不知道该怎么办。看着孩子状态每况愈下，父母一直生活在压抑、无力和无助中。

（5）羞耻，回避

小红妈妈说："早就感觉到孩子状态不好，就是不想面对。不想带她去医院，不想告诉任何人。一想到别人异样的眼神，怪怪的语调，我就受不了，感觉是一件很丢人的丑事。"

在一些父母眼里，"心理问题" = "脑子有病" = "神经病"。而"神经病"像瘟疫一样让人避之不及。父母有强烈的羞耻感，下意识隐藏问题，不想面对。

2 父母的状态比做什么更重要

曾经一位妈妈泪眼婆娑地告诉我，她的状态特别不好，一想到孩子就心慌、心悸、胃痛，整个人像虚脱了一样。她非常希望这时候能够有人帮帮她。可老公天天忙工作，根本不着家。公婆一看见孩子就张口指责，不仅帮不上忙，反而火上浇油。

这样的妈妈我见过很多，她们长期处于透支状态，相比孩子的状态，她们的状态可能更加不好。

很多妈妈说，自己难受点没事，可以忍可以扛，关键是孩子，怎样才能帮到孩子呢？

现在最重要的不是怎样解决孩子的问题，而是照顾好自己。状态不好的时候，照顾好自己，就是父母能为孩子做的最好的事。

照顾好自己，让自己保持客观、冷静、理性，情绪稳定，不过度反应，接纳现实，积极行动，是当下父母最首要也是最重要的事。

这个观点可能很反常。当孩子生病时，父母所有的注意力都会聚焦在孩子身上，可能不吃不睡地陪着，没有心思关注自己。

但是，心理问题不同于一般问题。

当孩子出现心理问题时，父母一定要关注自己的状态。你的状态决定了你会采取什么样的应对方式，决定了家庭的氛围，决定了孩子会受到怎样的影响。你的状态比做什么更重要！

当一个人处于极度疲劳的状态，情感、精力和活力都会耗尽，会变得缺乏同理心，缺乏耐心，容易烦躁生气，这种状态被称为"情绪耗竭"。

这时候硬撑着管教孩子，不会有好效果。你的焦虑、担忧和难过会影响孩子,不管你多么试图掩盖和强打精神,孩子都会感知到。

相反,当你获得了足够的休息,心情平静,对孩子会更包容,更有耐心。孩子像海绵,会吸收这份平静和放松。

所以,在很多家庭里,孩子的状态是父母压力的"晴雨表"。

飞机的求生指引告诉我们:在遭遇危险时,必须先戴好自己的氧气面罩,再去照顾他人。父母想要帮助孩子,前提是自己要先有足够的能力。

切记:我们给不出自己没有的东西。

一块没有电的电池,没有办法给另外一块电池充电;一个不会游泳的人,就算跳下河,也救不了别人;心脏在给其他部分供血之前先要给自己供血。

母爱很伟大,伟大之处并不在于牺牲,而是在于爱。得先把自己爱好了,才有能力爱别人,正所谓"水满则溢"。

与其无谓的消耗,不如停下来,先照顾好自己,分一点滋养给自己。这并不是自私,恰恰是理性,是负责任。我们需要学习如何调节和照顾自己的情绪和感受,如此才能帮助孩子形成这些让其终身受益的能力。

3 按下暂停键,慢下来

如果你驾驶的一辆高速行驶的汽车,突然响起了警报,你该怎么做?

此时，本能的反应是害怕。因为害怕，很多人会踩急刹车或者打方向盘。

踩急刹车，车轮会打滑，后面的车可能会撞上来。紧打方向盘突然改变路线，会让车失控，造成翻车。

最好的处理方式是：沉着冷静，慢踩刹车，把速度降下来，安全地停在路边。然后，再来看一看到底发生了什么。找到原因后，再去琢磨如何处理。

孩子抑郁时也是如此。

孩子抑郁常常伴随着很多现实困难：学习上难以胜任，想休学退学；人际关系压力大，想调班转学；家庭矛盾多，父母想辞职想离婚……

孩子很痛苦，报警系统启动，父母本能的反应是立刻做点什么帮孩子摆脱痛苦。这种反应是本能，却未必理性。

我们都知道愤怒的时候不要做重大决定。抑郁的时候也一样。

这时候，我建议你按下暂停键，慢一点，稳一点，停一停，不要有大动作，不要急转弯，沉着冷静地应对就是最好的处理，比如可以请几天假，和另一半分头冷静一下。

我把这种慢下来、稳处理的方式叫"有力的暂停"。

暂停，不是永远停下来。不要做重大决定，不是逃避现实，也不是消极被动，而是给自己喘息的时间，放慢脚步好过贸然行动，不要让孩子在状态不好的时候，一个接一个地应付新压力。

"不识庐山真面目，只缘身在此山中。"暂停有利于跳出自动化的情绪反应，回归理性和冷静，以更全面的视角看待困难和处境。

暂停不会解决所有问题，但会让我们更清醒，更理性，更全面客观地看待问题：孩子需要什么样的帮助，休学转学有没有"副作用"，孩子现在有能力应对这样的挑战吗？

4 你是情绪的奴隶还是情绪的主人

一位爸爸说："那天我叫孩子起床，叫了好几遍他还不起，我有点生气，想把他拉起来，拽了好几次他都不动，我就急了，接了一盆冷水，朝他泼了过去……"

冲动是魔鬼。很显然，这个爸爸失去了理性，被愤怒之火完全控制了。事后，他反思起来非常后悔，孩子不起床是不对，可自己的行为更加失控。

我不想指责这位爸爸，恰恰相反，我知道被情绪控制时，一个人有多么无助，就像魔鬼附体一样，整个人都变得不太正常了，完全被控制，没法思考，没有选择。直到发泄完了，人才能回到正常状态。

处于这种状态的人就是情绪的奴隶。

不光愤怒如此,所有情绪只要强烈到一定程度,都可能成为控制我们的魔鬼。

爸爸的愤怒,孩子的抑郁,妈妈的焦虑,如果被它们控制,本质上都是一样的——我们就会成为愤怒的奴隶,抑郁的奴隶,焦虑的奴隶。

建议你把情绪看成是一个能上天入地的小怪兽,它最大的本领就是可以钻入你的身体,把你变得和他一样。

面对这么一个怪兽,来无影去无踪,当它钻入你的身体时,你能抓住它掌控它吗?你是它的奴隶还是它的主人呢?

5 怎样才是自我觉察

人们总说,一个人的习性是很难改变的。之所以难,是因为我们对自己的情绪缺乏觉察。很多时候,我们已经是情绪的奴隶而完全不自知,任由情绪推动着自己做这做那。

管理情绪,做情绪的主人,第一步就要从觉察情绪开始。

你能够每时每刻感受到自己的情绪变化吗?为什么会有这些情绪呢?你的情绪反应模式是怎样的?这些都需要自我觉察。

"自我觉察是指个体能够辨别和了解自己的感觉、信念、态度、价值观、目标、动机和行为。在此过程中,将自我从心智中分离出来当作被观察、审视的对象。"

观察是向外看,自我觉察是向内看。

自我觉察是把自己的感受、想法、行为当成观察分析的对象,有点像"跳出自己看自己"。"我看我的感受""我看我的想法","我看我的行为",对自己的感受、想法和行为时刻进行观察。

我很生气——这是一种感觉。

我知道我很生气——这是一种对感觉的觉察。

我知道我很生气,也知道我为什么生气,还知道我生气了会怎么做——这是自我觉察。

成为情绪的主人,必须学会自我觉察。没有觉察能力,能难不被情绪控制和奴役。

自我觉察也是觉察他人的前提。对自己没有觉察,无法理解自己,也就无法理解他人,不可能有顺畅的沟通,亲子关系、夫妻关系都会有问题。

本章小结

- 孩子抑郁时,父母的状态比做什么更重要。
- 如果父母处于焦虑、愤怒、内疚、抑郁、羞耻的情绪,要学会按下暂停键。
- 自我觉察可以帮助父母成为自己情绪的主人。

互动练习五

自我觉察练习

当深陷某种情绪或头脑中有很多想法时,自我觉察练习可以帮助你提高情绪掌控能力。

第一步:暂停

放下手边的事情,找一个舒服的姿势,可以坐着,也可以躺着,先自己暂停下来。

闭上眼睛，深呼吸，把注意力集中到身体感受上，让身体随着呼吸慢慢放松下来。

第二步：觉察

觉察身体的感受，随着深呼吸，从上到下放松身体：放松头皮，舒展眉头，放松肩颈，放松脊柱，放松手臂，放松大腿，放松手和脚……

觉察内心的感受：此刻有什么样的感受？情绪有没有变化？

第三步：抚慰

给自己一些关爱和同情，像照顾一朵脆弱的小花，给自己一点温柔和抚慰。

继续深呼吸，放松身体，舒展心灵。

第四步：接纳

不试图改变什么，只是呼吸，带着一丝温柔的怜悯，让自己再次放松。

当思绪游离，重新把注意力聚焦到呼吸上。微笑，舒展，滋养，让身体和心理都放松下来。

第七章
想法：升级"想法地图"，改变错误认知

1 自动思维和自动评价

（1）自动思维

妈妈辅导小王写作业，小王心不在焉。妈妈生气了：

"这个题是怎么错的？这么简单为什么会错？你就是太粗心，没把心思用在学习上！"

"敷衍了事，以后能干得了什么！一个人态度不端正，做什么事情都成功不了！"

"考不上好高中，怎么考大学？怎么找工作？你以后怎么办？"

"上次家长会，老师就批评你粗心，我这个当妈的太失败了！好丢人啊！"

"你爸干什么去了？他就不能管管你吗，凭什么我一个人干这么多，我欠你们的吗……"

这个场景你熟悉吗？这种教育方式有效吗？问题出在哪里呢？

这位妈妈跑题了。

孩子做错了一道题，妈妈批评孩子粗心，担忧他考不上高中、大学，找不到工作，接着妈妈想起家长会上老师的批评，充满挫败感和羞耻感，然后话题一转，又想起孩子爸爸，抱怨爸爸没有责任心……

整个过程中，妈妈在不同的话题和情绪上来回穿梭，一会儿讲学习态度，一会儿担忧孩子未来，一会想到老师批评，一会儿又控诉老公。

想象一下，如果你是小王，听了妈妈的这番"教诲"有什么感受？

小王告诉我："我妈是不是更年期了？一点小事就没完没了，一会儿说这个，一会儿说那个，说着说着自己就哭了。我都不知道怎么了？做错了一道题至于吗？"

和情绪一样，想法也是无时无刻不在的。只是，我们很少觉察到它。

小王的妈妈想法太多太杂了，漫无边际乱跑，大脑一刻也不得闲。我们很容易陷入这些想法带来的情绪里，一会儿为过去的事情悔恨、愤怒，一会儿又为未来的事情担忧、焦虑。

其实，我们的想法有两大类。

一类是自动思维，它和感受相伴而生，随时都在变化。

比如，当你看到本书的这一页，可能就会产生自动思维，"我不明白这些"，并稍微感觉到有点焦虑。

自动思维是自发涌现的，往往非常简短，稍纵即逝。比如，刚才那个"我不明白这些"的自动思维现在可能已经改变了，取而代之的是"原来是这个意思"。

还有一类想法是对人对事的评判和认识。

比如"做事情应该认真""对别人好，别人就会对你好""这个世界弱肉强食""我不够好，不值得被爱"。这些想法比较稳定，常常以标准和观点的方式存在于头脑中，我们对它们深信不疑。

（2）自动评价

周末，爸爸给儿子做了一碗面。儿子吃过面，转身回自己房间了。爸爸看着桌上的空碗生气："太不懂事了，怎么能这么自私呢！孩子一点规矩没有，被惯得不成样子！这么大了不会尊重人，白眼狼！目中无人！道德败坏！朽木不可雕也！"

儿子听爸爸这么说非常委屈:"一个碗没洗,至于吗?"

爸爸的本意是想教育孩子学做家务,自己的事情自己负责。对一个青少年来说,做点力所能及的家务并不过分。爸爸也没有情绪失控,没有吼孩子打孩子。爸爸的问题出在哪儿呢?

"自私""懒惰""没规矩""不尊重人""目中无人""道德败坏""朽木不可雕也"……这些词儿全是负面评价。在和孩子的互动中,爸爸虽然没有提洗碗这件事,但是却说出了一大堆指责性的评价。

我们的大脑就像一个"大法官"。当我们看到或听到一件事时,这位大法官就开始习惯性地评判:这是对的,那是错的,这是好的,那是坏的,这是应该的,那是不应该的……

我们常常被这位"大法官"控制,生活在评价中,而忘记了事实是事实,评价是评价。

当这位爸爸看到桌上的空碗,"大法官"就开始发话了:"这是自私的,没规矩的,不尊重人的……"此时,爸爸被"大法官"控制,就像被催眠一样,关注视域变得狭窄,不再关注其他,完全被评价左右。

2 你的"想法地图"准确吗

如果你现在深陷一座迷宫,想要找到出口,会怎么做?大声疾呼?原地等候?还是用地图导航?

很多人会选择用地图导航。

当孩子抑郁时,就像一家人陷入了迷宫,父母要如何带领孩子走到出口呢?

这里有一张地图,需要你回答四个问题:

（1）你认为孩子抑郁吗？

你的答案：_____。

（2）你认为孩子/家庭最大的问题是什么？

你的答案：_____。

（3）你认为造成这种状况的主要原因是什么？

你的答案：_____。

（4）接下来，你打算怎么做？

你的答案：_____。

现在你有了一张走出抑郁迷宫的地图，包含着对抑郁的认识、对孩子的了解以及方向和计划。

问题来了，这张地图能够带你走出迷宫吗？

小王同学，男生，16岁，读高一。他从初三开始睡眠紊乱，爱看手机打游戏，断断续续去学校上课。中考不理想，目前就读于一所普通高中。半年前被爸爸暴打后，他搬到了爷爷奶奶家，从那以后很少和父母接触。

小王爸爸的想法地图：

（1）你认为孩子抑郁吗？

没有。

（2）你认为孩子/家庭最大的问题是什么？

孩子住在爷爷奶奶家，上网成瘾，黑白颠倒。

（3）你认为造成这种状况的主要原因是什么？

爷爷奶奶溺爱，妈妈放任，不让我管孩子。

（4）接下来，你打算怎么做？

把孩子强行接回来，收了手机，严加管教。

小王妈妈的想法地图:

(1)你认为孩子抑郁吗?

是的,孩子严重抑郁。

(2)你认为孩子/家庭最大的问题是什么?

孩子和爸爸冲突很大。

(3)你认为造成这种状况的主要原因是什么?

爸爸太强势,情绪失控,打孩子。

(4)接下来,你打算怎么做?

让孩子住在爷爷奶奶家,不要和爸爸接触。

同一个孩子,同一段经历,父母的想法地图竟然完全不一样,而且他们都深信只有自己的地图才是正确的。

爸爸说:"我的地图上出口在东边,一直往东走就对了。"妈妈说:"不对!出口明明在西边,怎么能往东走呢,应该向西走。"

一家人被困在迷宫里,怎么办?出口到底在哪里?怎么带领孩子走出迷宫呢?

如果地图有偏差,方向搞错了,所有的努力都将白费,不仅耽误时间,吃力不讨好,反而可能越走越远,越走越糟糕。

现在,请你们一家人打开各自的想法地图,仔细审视一下这四个问题。和孩子一起,交换一下彼此的看法,沟通并形成统一的家庭想法地图。

(1)你认为孩子抑郁吗?

(2)你认为孩子/家庭最大的问题是什么?

(3)你认为造成这种状况的主要原因是什么?

(4)接下来,你打算怎么做?

3 想法是想法，事实是事实

每个人的内心都有很多想法，它们根深蒂固，是我们坚信不疑的标准和信念。不管你多么顽固地相信它们，一个不容否定的真理是：想法不是事实。

事实是客观发生的事情，想法是我们脑子里的认识，它们不是一回事。这个道理好像人人都知道，但在生活中，很多人会迷迷糊糊地把它们混淆在一起，常常认为自己想的就是事实。

孩　子：老师不喜欢我。

咨询师：你怎么知道的？发生什么事情了？

孩　子：没什么事情，反正老师就是不喜欢我，他讨厌我。

咨询师：为什么觉得老师不喜欢你呢？

孩　子：他就是看我不顺眼，他不喜欢学生有自己的想法。

咨询师：你能给我讲一件这样的事情吗？

孩　子：没什么事，我觉得所有老师都这样。

这是我跟一个孩子的对话，这个孩子经常把想法和事实混淆。比如"老师不喜欢我""他不喜欢学生有自己的想法""所有老师都这样"，这些都是孩子的想法。事实上没有任何冲突发生，老师也没有指责他。可他深信"老师不喜欢我"是事实，而且"不仅这个老师不喜欢我，所有老师都不喜欢我"。

这种情况在父母身上也时有发生。

"孩子没抑郁，他就是不想学习，矫情，太懒了""孩子太自私，就只想自己""孩子没规矩，不尊重人"。

这些都是评价，是父母的想法，不是事实。

事实是什么呢？

事实是已经发生的、客观的、不带任何评价的事件。只要事实发生了，对所有人，不管老师还是家长，不管咨询师还是孩子，事实应该都是一样的。

生活中，家长的"事实"和孩子的"事实"常常不是一回事，每个人都觉得自己讲得才是"事实"。其实，不管是孩子还是父母，说的都不是事实，而是自己的想法。

举个例子：

"最近这一个星期，孩子迟到 2 次。"这是事实。

"这个孩子总是迟到""他太懒了""他不爱学习""他是问题小孩"，这些都是想法，不是事实。

"2 次"不等于"总是"，"2 次"是事实，"总是"是评价。

"迟到"是事实，"太懒""不爱学习"都是父母的猜测，是想法。

"迟到"是一个行为，是已经客观发生的，是事实。而"问题小孩"是父母给孩子扣的一顶帽子，是评价，是想法。

4 孩子抑郁时，父母常见的认知偏差

——哪有什么抑郁？就是懒！不想学习，给自己找理由！

——孩子太娇气，一点不舒服都忍受不了。太矫情！

——孩子就是性格太内向，多交朋友，活泼一点就好了。

——每个人都有心情不好的时候，哪有那么多"病"！

——就是想得太多，简单一点，啥也不想就好了。

——就是太敏感了，大惊小怪，小题大做。

——可能是压力太大了，休息休息就好了。

——能吃能睡的，哪有抑郁？

——孩子学习很好，脑子很好使，不可能抑郁。

——不要找借口，该干什么干什么！

——可能有点青春期叛逆，没事，长大一点就好了。

——要求完美的人才会抑郁。

——抑郁是精神病，一旦得了，人就不正常了。

——抑郁的人会自杀，你又不想死，怎么会是抑郁？！

——心情不好很正常，很快就会过去的。

——做人应该积极一点，不要影响别人，不要这么丧。

——如果孩子真抑郁就完了，一辈子都好不了。

——孩子抑郁说明家庭教育很失败，是一件丢人的事。

——抑郁了不能吃药，吃药有副作用。

——吃药有依赖性,一旦吃药就得一直吃下去。

——不能去医院,会给孩子一个不好的标签。

——千万不要跟别人说,家丑不可外扬。

——心理咨询就是聊聊天,没有用。

5 父母的哪些想法需要升级

(1)"为什么别人行,你不行?"

有些父母很喜欢谈论"别人家的孩子":

"为什么小张表现这么好,你表现这么差?你看看人家,再看看自己!为什么别人可以做到,你不行?为什么表姐每次都能考第一,你一次都没有考过?"

父母的本意可能是想让孩子通过比较看见差距,见贤思齐,但这种激将法常常让孩子感到很挫败。结果长了别人的威风，灭了自己孩子的志气。

世界上没有两片相同的叶子，也没有两个相同的孩子。正因为不同，每个人才有存在的价值。这并不意味着安于现状，认命了，不用努力了。恰恰相反，要看到孩子的优势，让他跟自己比，不断突破。

很多父母担心不提醒孩子，孩子就不了解自己和别人的差距。其实，这种担忧有点多余。孩子天天在学校，就生活在压力中心，父母不用去比较，孩子们心知肚明。现在升学考试的压力无处不在，孩子们的压力已经够大了，如果回到家还继续天天受挫，学习的动力和信心就会备受打击。

我常常跟父母们感叹："要像保护眼睛一样保护孩子的学习动力，这是孩子爱上学习，自发学习的唯一办法。"

（2）"作为一名学生，你必须……你应该……"

任何真理都是有条件的

很多父母特别喜欢说"必须"和"应该"：

"作为一名学生，你应该积极主动学习，必须把成绩赶上来，必须考上好高中。你应该团结同学，你应该给别人留下一个好印象，你必须好好表现，尊重师长。"

熟悉我的人都知道，我一直很自律。以前也喜欢对自己说"应该""必须"，张口就是"我必须把这件事做好，我应该对自己要求再高一点，绝对不能拖延"。

这样的"高标准""严要求"让我收获了不少，可也让我很焦虑很拧巴，常常跟自己过不去。

一天，我无意中看到一句话："任何真理都是有条件的。"我反复琢磨这句话，越品越有味道。很多道理固然对，但真的是任何时候都"必须""应该"吗？

所有物体都会往下落。这句话没错吧？地球有引力，东西往下落，这是生活常识。可它是有条件的——得在地球上。

所有的真理都是有条件的。我们往往只重视结论，而忽视了条件。

生活不是只有一个模版，每个孩子都不一样，他们的状态和境遇更是千姿百态。一个标准的道理能够适用于所有的孩子、所有的情况吗？

（3）"我是你妈，这么做都是为了你好！"

父母常常以"为你好"为由要求孩子："我们是你的父母，我们爱你，不会害你，所以，你必须听我们的！"

父母爱孩子，这一点我从不怀疑。但是我质疑，这种"为你好"的方式能不能带来孩子"真正的好"——自尊、自信、舒展和全面发展。

青少年阶段，孩子开始形成自我意识，要像对待一个成年人一样，尊重平等地对待他们。

"因为我是为你好，所以你应该听我的。"如果把这种逻辑平移到生活中的其他关系，比如夫妻关系、朋友关系、同事关系，你会有什么感觉呢？

同事："我对你这么好，你应该想着我，为我做事。"

朋友："我是为你好，你应该听我的建议，按我说的做。"

这让人感觉"情感被捆绑+生活被控制"，难怪孩子们会说："爸妈，你们以后别这样爱我了，我不需要这样的爱！"

（4）"想当年，我那时候……"

很多父母喜欢拿自己的经历教育孩子：

"我们小时候，特别珍惜学习机会。父母不会早送晚接，学习都是自己的事儿，哪像你啊，天天说累……我上学的时候，老师都喜欢我，我对老师恭恭敬敬……"

"就是因为当年我没好好学习，才吃了这么多苦，我不希望你也这样……"

经验是人生的精华，很多父母希望把这些经验原封不动地传给孩子，让孩子少走弯路，更好地发展。这个想法是好的，的确有很多人生哲理和做人做事的道理可以帮到孩子。但是，以前的经验未必都适用于现在的孩子。

二三十年间，中国发生了翻天覆地的变化。无论是家庭、学校还是社会，和以前都大不相同。当年有当年的条件，现在有现在的压力。环境变了，孩子的生活方式、学习压力都变了。当年的经历适用于当时的环境，想要搞定现在的压力，父母得与时俱进，和孩子一起来探索。

（5）"在学校必须听老师的！"

一个女孩告诉我，她在学校经常被老师当众训斥。有时候她觉得很冤枉，想跟老师解释一下，老师根本不听她说，认为她说谎、狡辩、不服管教，甚至当着全班同学的面说一些很侮辱人格的话。

这个女孩特别委屈，向父母求助。父母不相信她，一句话就终结了讨论："老师都是为你好，在学校你就得听老师的！"

对孩子来说，老师是权威人士。"在学校应该听老师的"，单独看这句话没有问题，但是它是有条件的。

老师不仅是一种角色，更是一个个活生生的人，不排除少数老师为人处事的方式不成熟，可能受情绪影响，可能犯错，可能疏忽。

如果这个老师说得对，是应该听取的。可如果明显不对，为什么"应该"听呢？往极端里说，网络上报道的老师性侵孩子的案件，怎么解释呢？

6 怎样升级"想法地图"

（1）换位思考，不评判对错

生活中的事情，有绝对的对和错吗？

比如，小王同学玩游戏不学习，这件事是对还是错呢？

从爸爸的角度看，这肯定不对啊，玩物丧志，荒废学业，对眼睛也不好，百害无一益。

从妈妈的角度看，孩子已经抑郁了，不能去上学，玩游戏也算是一种发泄情绪的方法吧。

而从小王的角度来看，玩游戏能够让自己放松，快乐，有成就感，交到朋友。这些在学校里都没有办法得到。如果连游戏也不让玩，生活还有什么意义呢？

存在即合理。一切想法只要产生了，都是有其合理性的。

如果我们不去评判对错，而是真正去倾听这个人说了什么，了解他的感受和想法，以对方为中心，而不是以对错为中心，设身处地为对方着想，就会发现，如果我们站在爸爸的位置上，就会认同爸爸，如果站在孩子的位置上，我们的想法就会和孩子一模一样。

事情也好，人也好，都是很复杂的。不同的角度就会有不同的想法。只要你站在合适的位置上，每一个想法都是对的。公说公有理，婆说婆有理。

所谓的"不可理喻"，有时候并不是对方的想法太奇怪太反常，而是因为我们固守着自己的位置和想法，不愿意去理解对方，更不愿意站在对方的角度上去考虑问题。

（2）变"正确的想法"为"合适的想法"

不评判对错，并不代表着什么都好，什么都合适。

想法不是白日梦，还得落实到现实生活中。有些想法有利于解决问题，而有些想法呢，可以理解，但确实不利于解决问题，还可能会让情况越来越糟糕。

换句话说，想法没有对和错，但确实有合适与不合适的区别。

一个想法是合适的想法还是不合适的想法，主要看三点：

- 是否适应当下的状况。
- 是否有利于解决问题。
- 是否对孩子长久有利。

比如，要不要带小王同学去医院就要衡量这三点：孩子目前的状态怎么样？去医院是不是有利于解决问题？这样做对孩子是不是有利？

显然，当孩子状态每况愈下，父母已经束手无策的时候，去医院是一个合适的想法。

有些想法特别"正确"，就是解决不了问题。比如父母对孩子说的"应该早起早睡""不应该发脾气""应该好好说话""应该积极上进"……这些想法都很对，但如果在不太合适的时机，以不合适的方式传达，就很能适得其反。

　　归根到底，想法不是用来评判的，也不是用来争论对错的，而是用来解决现实问题的，必须适应当下的状况。不管黑猫还是白猫，能抓住老鼠就是好猫。能够真正帮助孩子的想法才是当下合适的想法。

── **本章小结** ──

- 想法一旦偏误，就如同拿错了地图。孩子抑郁时，父母要检视自己的想法地图。
- 自动思维和自动评价无处不在。
- 即使想法根深蒂固，也不是事实。
- 如果一个想法能够适应当下的状况，有利于解决问题，对孩子长久有利，就是合适的想法。

互动练习六

升级"想法地图"

　　请记录和孩子的互动事件，捕捉事件中你的自动思维和自动评价，想一想怎样将它们升级成更加合适的想法。

事件	自动思维/自动评价	升级后更合适的想法

第八章 行为：停止无效行为，学习新技能

1 父母很爱孩子，为什么孩子感觉不到

小张同学捏着嗓子，学着妈妈的样子说："每次爸爸打了我，我妈就过来讲好话——他是你爸爸，爸爸是爱你的，爱你才管你的，教育你是为你好，不要跟他生气。"

"老师，我好无语啊！他们这是爱我吗？打我还说爱我？我被打了还得去爱他？这是什么道理！我宁愿他们不要爱我！"

小张爸爸也很苦恼："我承认打人不对，可这个孩子真的很气人！拿着手机不学习，拖拖拉拉。他妈妈跟他讲道理，他又不听。明年就要高考了，这样的态度怎么行啊，考不上好大学，一辈子都受影响！"

世界上最远的距离不是天涯海角，而是——父母那么爱孩子，孩子却感觉不到……

讲到父母和孩子，我们总会说到爱，父母要学会爱孩子。说实话，真正缺乏爱的家庭一般比较疏离、冷漠。很多家庭鸡犬不宁，一地鸡毛，并不缺少爱，只是父母之爱和孩子之爱不一致，才会相爱相杀。

父母之爱，在现实层面，重点是考虑孩子的未来，为以后的工作和前途谋划考量。这种爱眼光比较长远，不太关注目前孩子的感受。"现在吃点苦，以后才能好。"

孩子之爱，在感受层面，能够被包容、被理解、被尊重、被认可，这就是爱。这种爱比较情绪化，没有那么深思熟虑。"现在都不快乐，还谈什么以后呢！"

造成这种错位和差异的，可能是生活经历。我们都是从单纯快乐的小白，慢慢地被生活"调教"，一点点变得复杂成熟，学会为长远打算的。

父母之爱和孩子之爱可能无法一致，中间隔了长长久久的生活阅历。很多人都是长大成为父母了，才真正明白父母当年的那份爱。

所以不一致是正常的，没有两个人的想法会完全一致，但大家仍然可以相互沟通、理解、尊重、合作。小张同学之所以厌烦父母，是因为父母不愿意理解他、尊重他，他们只希望小张按照照他们的期待去做。

有一个爱的公式讲出了错位的爱和真正的爱的不同之处。

错位的爱：我用我认为的方式爱你。

真正的爱：我用你想要的方式爱你。

钓鱼要因鱼下饵，不同的鱼吃不同的饵料。错位的爱就好比是小白兔拿胡萝卜钓鱼，对小白兔来说，胡萝卜是人间美味，可对鱼来说，胡萝卜没有任何吸引力。

甲之蜜糖，乙之砒霜。错位的爱让孩子感觉不到爱，在他们眼里，那些只能算是父母自己的期待和控制，而不是他们渴望的爱。

2 讲道理为什么没有用

经常听父母诉苦：

"天天苦口婆心讲道理，孩子一点也听不进去，没有任何改变。有时候看着他在听，其实他根本不过脑子，左耳朵进右耳朵出。"

"一些事来来回回地说，孩子还嫌烦，一听就发脾气，真不知道该怎么办……"

当孩子出现了这样那样的问题，父母通常会指出问题，并且告诉孩子应该怎么做，希望孩子尽快调整好状态，回到"正确的轨道"上，做些"应该做的事情"。

道理讲了一遍又一遍，父母嘴皮子都快磨破了，却没有任何效果。很多父母因此责怪孩子，"不懂事""没有进取心""太任性""无法理解""不可理喻"……

孩子听不懂道理吗？为什么他们没有任何改变呢？为什么他们这么反感？当孩子抑郁时，怎么帮助他们呢？

如果现在有一场演出要邀请你上台表演，你会不会紧张？

我想大部分人或多或少都会紧张。

如果我告诉你"不用紧张，没什么可害怕的，演砸了也没关系"，你的紧张和害怕会消失吗？

应该不会吧，即使我一遍遍地告诉你不用害怕，你还是会不自觉地紧张、担心和害怕。

认为不应该害怕，但心跳就是快，手抖脚动，心里就是害怕；认为没有必要焦虑，但就是坐立不安，睡不着觉；理性上知道应该乐观积极去解决问题，可是内心就是不自觉地抑郁消沉，一点也不想动。

你有过这样的时候吗？脑子里什么都明白，可身体就是做不到，大脑指挥不了身体和情感！

在我们的大脑里，有一个形似杏仁的地方叫杏仁核。杏仁核是情绪的产生和处理器。杏仁核像一只小狗。平时这只小狗安安静静，当遇到压力和困扰时，杏仁核就会在第一时间被激活，小狗就开始汪汪乱叫。这时候我们就会感觉到害怕、愤怒、抑郁、焦虑。

如果孩子抑郁了，"杏仁核"这只小狗就会异常敏感，很容易被激活，一直乱叫停不下来。

讲道理是人类比较高级的信息处理系统，发挥作用的是我们的大脑皮层。大脑皮层是人类区别于动物的地方，也是我们能够创造文明的源头。

大脑皮层很理性很高级，但它不是任何时候都运转良好。只有当杏仁核不被激活，处于平静状态的时候，大脑皮层才能发挥理性判断和分析的能力。

当杏仁核像一只狂吠的小狗，汪汪乱叫停不下来的时候，父母的任何教诲都没有办法激活孩子的大脑皮层，道理再正确也发挥不了作用。

所以，给孩子们讲道理有没有用呢？

有用，但是有条件，必须在孩子内心平静，没有陷入负面情绪的时候，也就是杏仁核没有被激活，小狗乖巧温顺的时候。

顺应脑科学的原理，在合适的时间，以合适的方式，讲合适的道理，讲道理才能真正有用。

3 怎样做才能真正帮到孩子

经常听孩子们说，"父母就爱讲大道理"。

"大道理"这个"大"字很有意思，又大又空又假，一些抽象出来的概念和评价，忽略了环境和条件，忽视了感受和需要，不讲具体情况，不讲差异，不讲细节，也不讲方法。

这样的道理就像是一个大筛子，挥来挥去，很用力却没有办法发挥作用，既不能给孩子答疑解惑，又无法提供具体帮助。

如果一个朋友信誓旦旦地告诉你，"这次考试，我要得一百分"，或者，"这个月，我要赚十万块钱"，你会相信他吗？

是不是要看是谁？他有没有这种能力？如果他平时学习很好或者很有能力，我们会觉得，这事儿靠谱，八九不离十。可如果他平时排名倒数第一，总是求父母救济，那么这事就悬了，恐怕只是一句空话。

想法归想法，能力归能力，"想做到"不等于"能做到"啊。

经常有人感慨："这些道理我都懂，就是做不到。"

我们从来不缺道理。从出生到现在，天天都在学知识，学道理，很多大道理耳熟于心，比谁都懂。就算我们"不明事理"，遇到问题的时候，别人也会"忍不住"给我们讲讲道理。

道理听了好几车，问题还是解决不了。归根到底，解决问题不是需要道理，而是需要能力。知道应该怎么做只是个开头，更重要的是需要具备一步一步做好的能力。

我们不仅要给孩子讲道理，更要帮助他们提高能力。能力不提高，道理讲了一筐也没有用。

如果两只眼睛总盯着孩子的问题，父母就会陷入负面情绪里，很难理性判断，也很难采取有效行动。

这时候，父母可以尝试把孩子的问题转化成他们需要学习的能力。

这种视角能够把父母从负面情绪中拉出来，然后把精力聚焦到提高能力上，聚焦到如何行动上。

比如：孩子不开心，生同学的气，在家里发脾气，认为别人故意刁难他。

父母认为孩子的问题是：消极，任性，爱钻牛角尖。

如果把视角转换一下，想一想孩子需要学习的能力是什么呢？

孩子需要学习的能力：如何管理自己的情绪。

作为父母，怎样帮助孩子学习这些能力呢？

（1）可以倾听孩子的感受。

（2）可以和孩子一起分析原因。

（3）可以带孩子做点开心的事。

（4）可以在孩子平静时一起探讨如何解决问题……

再比如：孩子写作业慢，注意力不集中，容易分神。

父母认为孩子的问题是：学习态度不认真，就知道玩，被动拖延。

如果把这个视角转换一下，想一想孩子需要学习的能力是什么呢？

孩子需要学习的能力是：怎样合理安排时间，怎样集中注意力。

父母可以怎样帮助孩子呢？

（1）跟孩子一起做一个时间表。

（2）教孩子统筹安排时间。

（3）把番茄工作法、费曼学习法融入孩子的学习中。

（4）当孩子积极主动时，给予表扬和奖励……

把孩子的问题转化成孩子需要提高的能力，一些父母分享了做出这种改变后的收获：

"孩子的问题和欠缺的能力其实是一回事。以前我总经常盯着孩子的问题，自己担心焦虑，就会指责孩子，其实孩子也很无助。"

"把'问题'转化成'能力'，让我找到了行动的目标和方法，我知道怎样做才能帮助孩子了。"

"盯着孩子的问题，就会忍不住指责他。思维方式一转变，心态立刻变了，就想着怎样帮助孩子提高能力，没有那么多负面情绪了。"

良药能不能不苦口

"苦口良药"可以变成"三明治"

大部分孩子都不喜欢听父母讲道理。父母一张嘴,他们就自动关闭了耳道,充耳不闻。很多青春期的孩子会表现出明显的不耐烦和对抗情绪,一听父母说话就烦躁,和父母争吵。

人生道理是我们对生活体验的积累和总结,为什么在孩子的眼里这些人生的精华如此不值得一提?为什么他们讨厌和父母沟通呢?

我觉得很大一个原因是——讲道理包含着我们的看法和评价,孩子从中感觉到了批评和指责。

当我们跟孩子说,你应该做什么或者你应该怎么做的时候,话语间也同时在传达,你不应该那样,那样是不好的,你是不对的。

孩子都是很敏感的,这种评价背后的不满和指责立刻就会被他们捕捉到。这时候他们就会感觉到压力,杏仁核被激活,他们就会产生焦虑、厌烦、愤怒、不满等情绪。这些情绪会让一个本来就焦虑抑郁的孩子更加烦躁。为了维护自己,他们就会用对抗的方式和父母顶撞,所有的道理也就被挡在了心门之外。

举个例子:

小张同学抑郁了,天天在家里哭。妈妈很着急,想开导开导孩子,劝解孩子:"别人是别人,你是你,别人有别人的问题,你也要反思一下自己的问题啊……你现在是个学生,要把注意力放在学习上……不要斤斤计较,不要这么敏感,要乐观一点……"

孩子听到这些话会是什么感觉?

他感觉到的不是理解和爱,而是妈妈的不满、批评、指责、瞧不上。

父母认为自己是在就事论事,孩子感受到的是评价和指责。这种错位并不是亲子关系独有的,我们每个人都会如此。

比如,有一天,老板心情不好,借着一点小事把你劈头盖脸训了一顿。你气呼呼地回到家,跟老公抱怨:"老板真是有病,一点事儿至于吗?他说话也太难听了!"

如果这时候,老公说:"苍蝇不叮无缝的蛋,自己做得不好还说别人,你要反思一下自己的问题啊,工作没做好能怪别人吗?"

你会有什么感觉?会不会很恼火,想跟老公吵一架?

父母在跟孩子讲道理的时候,经常会说:"我知道你不爱听,但是忠言逆耳,良药苦口,我这是为了你好,虽然不好听,但我还是得说……"

父母都是为了孩子好,这点我从来不怀疑。但是,"逆耳"就会听不进去,"苦口"就会喝不下去。当孩子听不进去、喝不下去的时候,我们一遍遍地吹耳旁风、灌苦药汤有什么用呢?

怎么才能让忠言不逆耳?

怎么才能让良药不苦口?

怎么才能在给孩子讲道理的时候,不激活孩子的杏仁核,不让孩子感觉到被要求被批评?

怎么才能让我们的关爱抵达孩子的内心呢?

这里给大家分享一个小工具,父母可以尝试把苦口的良药用美味包裹起来,做成一份色香味俱全的"三明治"。

"三明治"沟通法

让我们一起来看看这个好吃的"三明治"是怎么做的:

三明治的第一层:用肯定、认可的方式帮孩子稳定情绪。

三明治的第二层：父母提出建议。

三明治的第三层：用鼓励、欣赏的方式再次给孩子认可和动力。

举个例子：

小张和同学发生了矛盾，心情烦躁。

苦口良药："你不要总说别人不好，别人是别人，你也有你自己的问题，应该好好反思反思自己。"

美味的三明治：

第一层："我能看出来，你想和同学搞好关系，你特别重视友谊。你愿意真诚待人，很实在，这一点特别可贵。"

第二层："朋友相处时发生矛盾在所难免，关键是怎么解决矛盾。你可以先自己想想，回头和同学好好沟通一下。"

第三层："你从小朋友就很多，别人都喜欢你，我相信你能够解决好这个问题。"

想一想，如果你是小张同学，是喜欢苦口的良药，还是美味的"三明治"呢？

5 打骂、惩罚孩子有没有用

小李同学，男孩，16岁，读高一。经医生诊断，患有重度抑郁。

中考以前，妈妈就发现小李状态不太对，总说头疼，爱忘事，拖拖拉拉，不爱说话，不爱运动。妈妈把这些表现告诉爸爸，爸爸一听就生气了："还有半年就要中考了，整天吊儿郎当的怎么行，学习态度有问题！"

此后，妈妈给小李增加了补习班，爸爸天天教训鞭策孩子。

中考时，小李未能考入理想高中。后来爸爸托关系，让他在一所比较好的高中借读。刚开学不久，小李的状态就每况愈下，整天说自己头疼，无法完成作业。妈妈带小李去医院检查，头部没有什么毛病。爸爸非常生气，好不容易上了高中，孩子却是这种表现！

一次，爸爸又动手惩罚小李："你知道上学花了多少钱吗？烂泥扶不上墙！你这个样子，还不如死了算了！"

就在这时，被爸爸踹倒在地的小李突然站起来，打开抽屉，抓了一大把药吞了下去……

说起打孩子，很多父母振振有词：棍棒底下出孝子，孩子不听话，就应该打啊，打他骂他是为了他好，父母这么做没有什么不对，这样才是负责任！

在一些家庭里，即使孩子已经被医生诊断为抑郁症，父母仍然责骂孩子："抑郁不是理由，不要给自己找借口！"

一位爸爸告诉我："吃得苦中苦，方为人上人，现在狠一点是为了孩子将来好，狼爸虎妈不都是为了孩子好吗！"

还有的父母说："我对孩子要求不高，没有要求必须考第一第二名，最起码的一些要求必须做到。"

我不想讨论狼爸虎妈的教育方式是不是可取，也不想讨论孩子必须完成哪些"最起码的要求"，只想无比坦诚地告诉父母们：压制、逼迫和打骂也许有短暂的效果，但时间一长，肯定是两败俱伤。如果孩子已经抑郁了，这些方法都将是雪上加霜，会加重孩子的抑郁，对孩子起不到好效果。

我们常常把打孩子当成一种惩戒：因为你犯错了，所以才会被打，打你是合理的，是应该的。但这真的合理吗？

警察抓罪犯，罪犯该不该打？该打，抢劫伤人、谋财害命都特别该打。

但警察能打他们吗？不能。

为什么不能呢？惩罚可以有多种方式，可以采取经济惩罚，可以限制权利，可以判刑关起来，还可以判死刑。法律都不提倡以暴制暴，用殴打的方式去惩罚。

教育孩子也是一样。孩子犯错了，可以惩罚吗？可以，很多时候惩罚都是很有必要的。

惩罚的方式有很多，你可以暂时不理他，让他自己冷静，也可以限制他的某些权利，还可以取消对他的某些好处，等等。

不管理由是什么，不管是谁打谁，不管怎样美化它，打人的实质都是暴力。

一个大人打一个孩子，一个身强力壮的人打一个明显处于弱势的人，一个掌握家庭资源的人打一个必须依赖他的人……这就不仅仅是暴力了，更是一种权力的滥用。

以大欺小，恃强凌弱，是社会的丛林法则。而家之所以是家，就是因为它和其他地方都不一样。家不是权力的角斗场，而是一个讲爱讲感情的地方。

6 发现孩子自伤怎么办

一位爸爸告诉我,他和女儿吵架,女儿爬上窗台,大嚷大叫:"你再骂,我就跳下去!"他当时被气疯了,觉得孩子是在威胁他,指着孩子破口大骂:"跳啊,你想死我不拦你!有本事你就跳!"这个孩子看看窗外又看看爸爸,跨在窗台上号啕大哭。

"你不怕她真跳下去吗?"我问。

这个爸爸看上去很轻松:"她不敢跳,吓唬我呢,这么高,她胆子小根本不敢跳。"

是的,我相信正常情况下她是不敢跳。可如果孩子抑郁了,情绪失控之下,那就不好说了。

儿童和青少年的自伤自杀往往都是情绪型的,冲动的,盲目的,非计划性的。如果父母发现孩子有这样的苗头,一定要高度重视。任何不恰当的处理可能都是压倒骆驼的最后一根稻草。先稳定住孩子的情绪,让他远离危险,切不可在孩子情绪激烈时激化矛盾。

如果发现孩子有自伤自杀行为,可以这样做:

(1)立刻制止孩子继续自伤。

(2)做好防护和陪伴,孩子身边一定要始终有人。

(3)把伤害工具(刀、药品等)收起来,妥善保管。

(4)稳定孩子情绪,不要指责,激化矛盾。

(5)及时带孩子去医院检查就医,必要时可以挂医院急诊。

(6)联系心理咨询师,积极开展心理干预。

本章小结

- 孩子抑郁时,讲道理和打骂惩罚通常都没有用。停止无效行为,学习新技能,才能真正帮助孩子。
- 错位的爱:"我用我认为正确的方式爱着你。"真正的爱:"我用你想要的方式爱着你。"
- 把"孩子的问题"转化成"孩子需要提高的能力",可以帮助父母摆脱负面情绪,将注意力聚焦在行动上。
- 把"苦口良药"做成"美味的三明治",有利于孩子消化吸收。

互动练习七

有效行动起来

请记录和孩子的互动事件,回顾事件中自己的应对行为是否有效,想一想怎样将无效行为变为更有效的行动。

事件	行为 (父母如何应对)	结果 (随后发生了什么)	改变后的有效行动

第九章　关系：改善亲子关系，变对抗为合作

1 什么样的家庭容易养出抑郁的孩子

亲子关系是父母和孩子的关系，这是孩子来到世界上的第一份关系，也是孩子最核心最重要的关系。亲子关系是孩子情感发展的基础，不仅决定了孩子的内心世界会怎样，还决定了孩子会与他人构建怎样的关系。

有四种类型的亲子关系和孩子抑郁密切相关，它们是：忽视型，专制型、放纵型和捆绑型。

（1）忽视型关系

忽视型关系有两类：

第一类，人不在场，心不在场。

父母和孩子不生活在一起。孩子既得不到父母在生活上的照顾，也得不到父母的情感滋养。留守儿童多数属于这一类。

第二类，人在场，心不在场。

父母和孩子生活在一起。但父母要么忙工作，要么忙家务，无心照顾孩子，不能用心陪伴孩子，和孩子互动。比如"丧偶式家庭"，妈妈负责照顾孩子，爸爸很疏离，爸爸跟孩子就是忽视型关系。

对孩子的影响：

孩子从小在感情上遭到父母的忽视或拒绝，会有深深的匮乏感，安全感不足，缺乏自信，认为自己不够好，价值感较低。孩子可能很害羞、胆怯、自卑、退缩，容易焦虑、自责。

（2）专制型关系

父母命令，孩子服从。一切都是父母说了算，父母很少考虑孩子的意愿和喜好，往往对孩子的需求采取"一刀切"的方式，强势地帮孩子决定一切。

对于专制型的父母，要求和控制可能无处不在。

专制型父母重事情，轻感受。父母不关心孩子的感受和想法，只在意孩子能不能够依照自己的规则和要求行事。他们普遍认为感受不重要，再难受也得按照规矩把事情做好。

对孩子的影响：

孩子长期被父母压制，没有办法放松地做自己。孩子很压抑、紧张、焦虑、不快乐。有些孩子会小心翼翼地满足父母的要求，这些孩子都是"听话的乖孩子"，他们缺乏主动性，只会依照父母的指令行事，容易讨好和顺从他人。

有些孩子不满父母的专制，内心充满愤怒，变成了"叛逆坏小孩"，他们往往会用对抗、冲突来回击父母，这时候就会不断上演家庭大战。

（3）放纵型关系

放纵型关系有两类。

第一类是包办型。在包办型关系里，父母是为孩子服务的，孩子饭来张口、衣来伸手，就像一个小皇帝一样，什么都不用干。

这种包办看似是爱，其实是耽误。父母做得太多，不鼓励甚至不喜欢孩子自己去解决问题，把孩子永远当成娃娃养，孩子没有机会去发展自身的能力。

第二类是纵容型。纵容型父母，孩子要什么就给什么，父母对孩子的一切给予宽容和接纳，不管孩子的需要是否合理，他们都会尽力满足。父母对孩子缺乏一以贯之的原则和要求，对孩子的行为和习惯没有约束和控制。如：任由孩子不规律地饮食起居，放任孩子看电视、打游戏、吃零食，等等。

对孩子的影响:

被父母纵容长大的孩子,心中只有自己,轻视别人,肆意而为,无视规则和纪律。他们既依赖又不尊重父母。这种孩子常常会成为家里的"小霸王",学校的"小恶魔"。他们很难和同学发展长期友好的关系,看上去飞扬跋扈,其实内心有一种深深的孤独感。

(4)捆绑型关系

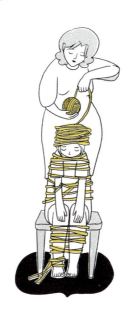

父母在情感上没有真正独立,往往打着爱的名义,照顾孩子的同时要求孩子反哺父母。

父母控制欲很强,常常站在道德的制高点上,以自怜、自我牺牲为筹码去要求和控制孩子,"我这么做都是为了你好""要不是为了你,我早离婚了"。他们不关心也不尊重孩子的感受,不允许孩子独立,希望孩子永远和他们在一起,并因为他们的付出而听话、感恩、孝顺。

对孩子的影响：

孩子被父母捆绑，很难成长为一个有独立意识的个体。孩子常常会有深深的内疚感，会感觉到一种说不出来的压力，被驱使着不得不去做一些不愿意做的事情，内心有一种无力和难言的愤怒，甚至会有窒息感、绝望感。

以上列举了四种亲子关系，在现实生活中，一个家庭里可能有多种模式，比如：爸爸是忽视型，妈妈是专制型，奶奶是放纵型，几种模式相互交叉，相互影响，常常使孩子的养育问题更加复杂。

同一个人在不同的时间或不同的情境下，采用的教养模式可能也不同。比如：孩子幼小时，妈妈可能是放纵型。等孩子上学后，学习压力大了，妈妈可能变成专制型。一些家庭里，父母本来是专制型，孩子抑郁以后，父母担忧害怕，变成了放纵型。

2 先搞好关系，再教育孩子

11岁的女孩小王在读小学五年级。她出生后不久，就和父母分开了，父母在深圳打工，她跟随爷爷奶奶在安徽老家生活。一年前，父母离开深圳，回到老家，一家人终于团聚了。

父母本以为自己回家，女儿应该很高兴，可是她却闷闷不乐，有时候还偷偷掉眼泪。前不久，妈妈发现女儿在房间里哭，拿小刀划手背，赶紧带她去了当地医院。经医生诊断，小王中度抑郁。

分别给小王同学和她的父母做咨询后,我发现问题可能出在亲子关系上。父母一直在外打工,和孩子是一种忽视型关系。生活上无法陪伴孩子,精神上互动也很少。父母不太了解孩子的想法和感受。

回到家乡以后,父母和孩子之间的关系转化成了专制型。父母总是指责孩子,挑剔孩子:"孩子一直跟着家里老人,生活习惯很不好,不讲卫生,也没有规矩。我们教育她,是希望她改一改。"

教育孩子没有错,可换位想一想,小王同学的感受会是什么样的呢?

小时候,需要父母的时候他们不在。现在他们好不容易回来了,一开口就是教训,一会儿指责她习惯不好,一会儿批评她学习成绩差,她心里会是什么滋味?她能感觉到父母的爱吗?

正常的关系:1+1=2

良好的关系：1+1>2

不好的关系：1+1<2

同样都是"1+1"，之所以结果不同，这中间的差别就出在关系上。

所有人和人的关系都可以简化成一个等式："我们 = 我 + 你 + 关系。"关系好就会为合作加分，产生"1+1>2"的效果；关系不好就会为合作减分，产生"1+1<2"的结果。

人和人之间，夫妻也好，父子母子也好，关系决定一切。亲子关系更要把"关系"放在第一位。没有良好的感情和互动，亲子关系就只有"亲子"，没有"关系"。

"健康好比数字1，家庭、事业、地位、钱财都是后面的0。有了健康这个1，后面的0越多就越好。如果没有健康这个1，后面再多0也没用。"

这句话放在家庭教育里也特别合适——父母和孩子的关系好比"1"，各种教育理念、规则、习惯、方法、能力，都是"0"。有了亲子关系这个"1"，后面的"0"越多，孩子就会越优秀。反之，没有好的关系，家庭教育就是无根之木、无源之水。

小王的爸爸自己做生意，我问他："你喜欢和什么样的人合作？"

爸爸说："人靠谱是最重要的，人好关系好，合作才能顺利。"

"如果现在有两个人，产品和服务都差不多，一个人和你关系好，一个人和你关系不好，你会选择哪个人？"我问。

"这还用说，当然是关系好的了，"爸爸说："关系好，什么都能谈，关系不好，什么都白搭。"

亲子关系也是如此。孩子不像成年人精于算计，他们更加感性，更凭借自己的感觉去办事。

关系好，我就愿意和你在一起，喜欢听你说话，不自觉就会受你影响。你要是语文老师，我语文课就积极表现。你要是数学老师，我的数学进步就很快。很多孩子都是因为喜欢老师而喜欢某一门课，这就是爱屋及乌。

关系不好呢，一看见你就烦，一听你说话就皱眉，你说得再对再有道理，我一个字都不想听。你让往东，我非得往西。你说这个好，我就非说不好。很多时候，孩子压根儿就没有理性分析对和错，就是本能地不想听，想要和你对着干。

家庭教育里什么最重要？

不是向孩子证明你说得多么对，也不是告诉他错在哪儿，而是走进他的世界，和他建立良好的关系，让他认同你、喜欢你，这个时候他才能向你敞开心门，愿意接受你的影响。

先搞好关系，再教育孩子。搞好关系就是构建父母和孩子的"通路"，有了"通路"，才能够把知识、规则、习惯等装车打包，经由这条"通路"抵达孩子的生活和内心世界。

亲子关系有问题的家庭，一定要先和孩子建立和修复好亲子关系，然后再用合适的方式去教育和影响孩子。

如果孩子抑郁了，父母切记，这个时候要把孩子的感受放在第一位，不要急着去告诉孩子他的想法对不对或者纠正他的行为，要先走进孩子的内心，让孩子感觉到自己被理解，被接纳，被支持。

先走进孩子，再教育孩子。没有良好的关系，教育就无从谈起。

3 在外面都挺好，为什么只跟孩子生气

一个爸爸很困惑："我跟朋友和同事相处都很好，非常融洽，唯独跟爱人和孩子处不来，特别是孩子，只要在一起就有冲突，这是怎么回事呢？难道真有'相生相克'这回事儿？"

心理咨询师问："你和孩子相处与你和同事相处有什么不同吗？"

爸爸说："家里人和外人当然不一样了，在外面大家都是为了工作，不管你高不高兴，好歹也得装一装。在家里就放松多了，比较真实。"

心理咨询师问："嗯，真实指的是什么样啊？"

爸爸不好意思地笑了笑："这个……"

心理咨询师问："假如，跟孩子的相处能够与跟同事相处差不多，你觉得亲子关系会不会有改善呢？"

"嗯……"爸爸不说话了。

在外面是好好先生，在家里是暴躁老爸；在外面是温柔女士，在家里是强势老妈。把外人的感受当回事，把家人的感受不当回事。这种情况非常普遍。

这当然跟父母自身很有关系，父母是否是一个情感成熟的人，能否自洽和谐，能否管理控制好情绪，这些非常重要。

家人对你意味着什么？除了真实和亲密，你如何定义亲密关系呢？

把对方定义为什么样的人，将影响到关系的相处方式。对闺蜜的期待肯定和普通朋友不一样，对铁哥们的要求和陌生人也不一样。如何定义亲子关系，将影响到父母如何对待孩子。

如果在你的内心深处，"孩子就是我的全部，比生命还重要"，那么你肯定非常重视孩子，爱孩子的同时，亲子关系也容易界限不清，充满焦虑、控制和溺爱。

如果你认为"孩子好麻烦，是个包袱，是个累赘"，那么你就可能会忽视孩子，亲子关系中充满了指责和抱怨。

定位就像一个锚，锚定了彼此的相处模式。你想和孩子建立什么样的关系，可以先给这段关系定好位。

如果认为"我是孩子的好朋友、好闺蜜、好哥们"，那么你就会以对待朋友、闺蜜、哥们的方式对待孩子；

如果认为"我是领导或老板"，你就会像对待员工一样对待孩子；

如果认为"我是照料者，是保姆"，你就会对孩子照顾有加，却权威不足；

如果认为"我是银行，是钱袋子"，那你就会养出一个只有缺钱了才会想起你的孩子。

很多父母没有认真想过这个问题，但其实它一直都存在，只是我们没有意识到而已。你如何定义自己和孩子的关系？你想做一个怎样的爸爸或妈妈呢？

怎样才是尊重孩子

14岁的女孩小张在读初中二年级，她从小就是个乖顺的孩子。爸爸是一名军人，认真严厉，脾气急躁，讲求完美。妈妈是一个全职主妇，温柔软弱。

半年前，爸爸发现小张偷偷玩游戏，书包里还藏了动漫的玩偶和衣服。爸爸认为她"不学好""不务正业"，把这些东西全扔了。小张和爸爸大吵，被爸爸狠狠揍了一顿。从那以后，小张和父母就"不能好好说话了"，学习一落千丈。

说起小张，爸爸非常气愤："孩子太不懂尊重人，竟然吼我！"

心理咨询师说："嗯，听上去你很生气，非常不能接受……我大胆问一句，您吼过她吗？"

爸爸一愣，说："我，我……吼过呀，也打过。"

心理咨询师问："爸爸打女儿可以，女儿不能吼爸爸？"

爸爸想了想说："对啊，就是不行啊！"

为什么不行呢？

因为你是爸爸，你年长，你赚钱养她，就可以有特权，可以打她骂她，不必尊重她了吗？

我们从小就被教育尊老爱幼，尊重老人爱护孩子。对于年长的、地位高的、有权威或成功的人，我们很容易尊重对方，而对于年幼的、地位低的、收入少、能力弱的人，比如孩子，我们更多是爱护，不太讲尊重。

孩子小的时候，的确需要更多呵护。但随着年龄越来越大，特别是到了青春期以后，孩子需要的照护在逐渐减少，而被尊重被信任的需要在逐渐增加。

著名的华人导演李安说过一段话，"我做了父亲，做了人家的先生，并不代表我就能很自然地得到他们的尊敬，我每天还是要达到某一个标准，来赢得他们的尊敬"。

关系是双向的。今天我们怎样对待孩子，明天孩子就会怎样对待我们。这句话我常常拿来自省。为人父母，并不代表着理所当然就应该得到孩子的尊重和信赖，我们每天都要好好对待他们，尊重他们，来赢得孩子同样的尊重。

小张同学7岁的时候，有一次，爸爸带她去理发。路上，她小心翼翼地跟爸爸说："班上女同学都扎辫子，我也想把头发留长一点。"

爸爸似听非听，嗯嗯答应。

一进理发店，爸爸就跟理发师下达指令："给她理得短一点，利索一点。"

小张气呼呼地看着爸爸，小声嘀咕："我想扎辫子。"

"别闹了！"爸爸一句呵斥终止了谈话。

小张说："从小学到初中，我一直都是短头发。别人都说我爸当领导，多么能干，可我觉得给他当女儿是这个世界上最不幸的事情，连扎辫子的机会都没有。"

德国哲学家马丁·布伯在关系本体论中阐述了两种关系："我和你"与"我和它"。这两种关系是我们构建与他人关系的方式。

在"我和它"的关系里，"我"看见的不是一个活生生的"你"，而是一个执行我的意愿或者达成我的目标的"它"。"我"只把"它"当成一个物件，不会在意"它"是什么感受或者怎么想。

只有在"我和你"的关系中，"我"才能够把"你"当成一个和我一样的人，我们互动的目的是建立和维持良好的关系，让我们彼此的情感得到滋养，并且通过合作达成目标。

经常听到很多父母谈尊重谈平等，很多所谓的"尊重"流于表面，非常敷衍。

在家里，小张爸爸就是"老板"，大多数时候，他会直接做主，也有时候，他会象征性地征求一下小张的看法，但其实，他并不会理会或者真正接纳小张的想法。小张觉得这样的"民主"更虚假。

一年前，家里买了新房子，一家人兴高采烈地去看新房，讨论装修方案。

爸爸问："你希望把房间刷成什么颜色？"

小张想了想："粉色，我喜欢粉色。"

装修完毕收房了，小张兴冲冲地跑进自己的房间，一进去她就愣住了，说好的粉色全无踪影，四面墙壁全是蓝色！

而爸爸好像什么都没有发生一样，带着一贯的领导风范问："喜欢你的房间吗？"

小张直挺挺地站在那里，她看着爸爸，就像看着一堵墙。

尊重的前提是把对方看成一个人，不是一个称呼，也不是一个角色，而是一个活生生的人，有自己感受和想法的人。

孩子再小也是一个人，小孩儿不是一个"小玩意"，也不是"小木偶"。父母对孩子，不是"父母"这种角色对"孩子"这种角色，首先是一个人对另一个人。

5　怎样才是好父母

我们常常教育孩子，怎么做个好孩子。但是如果站在孩子的视角上，怎么做才是好父母呢？

我发现对于怎么做个好孩子，无论是成年人还是小孩，大家的认识都大同小异。但是，对于怎么做个好父母，每个人的认识都不太一样。有的父母为了孩子尽心尽力，孩子抑郁了，他们满心愧疚，认为自己不是好父母；而有的父母忽视孩子、不管孩子，孩子抑郁了,他们非常愤怒,认为孩子矫情,自己已经做得足够好了。

我们都曾经被父母养育过,现在又作为父母养育孩子,那么,什么样的父母是称职的?什么样的父母是失职的?我们要成为一个怎样的父母呢?

如果把"父母"看成一种职业,它可能是世界上工作时间最长、投入最多、要求最全面、最具挑战性的一份"工作"。

工作都有考核指标,父母要如何考核呢?

我觉得好父母有两个标准:

一个是合理满足孩子当下的需要。这种需要包含生理需要(吃喝拉撒睡),也包含心理需要(安全感、价值感、快乐有意义、对知识的渴求、对世界的好奇等)。

另一个是为孩子长远发展做好准备,比如培养孩子的习惯、性格、能力、人际交往、兴趣、爱好、优势等,都属于这个层次。

孩子年龄不同,成长重点不一样,对父母的要求也不一样。20世纪著名的发展心理学家爱利克·埃里克森在他的社会发展理论中,把一个人的心理发展划分为八个阶段,每个阶段都负有其特殊的社会心理发展任务。

婴儿期(0~1岁):通过与抚养人的关系获得信任感。

幼儿期(1~3岁):通过掌握生活技能,获得独立的自主感。

学前期(3~6岁):通过探索新环境的能力,获得主动性。

学龄初期（6~12岁）：通过勤奋学习，获得成就感，避免产生自卑感。

青春期（12~20岁）：通过对周遭事物的观察和思考，建立起真正的自我感。

成人早期（20~25岁）：通过建立爱情和家庭，获得亲密感。

成年期（25~65岁）：通过成家立业，获得创造感。

老年期（65岁之后）：如果以上各阶段都能保持积极向上的人生观，晚年就会获得一生的完美感。

在婴幼儿阶段，吃喝拉撒是主题，父母能够情绪稳定，把孩子照顾好就可以了。孩子再大一点，习惯培养成为重点，自己吃饭、如厕、穿衣、刷牙，孩子在自我掌控的过程中发展能力和自信。

进入小学，学习成为主旋律，父母得充当半个老师，检查作业、安排学习成为每日主题。

等孩子到青春期了，"我是谁""我要过什么样的人生"，人生选择和价值观成为孩子探索的主题，如何帮助孩子找到自信、找到自我价值，父母要充当助手和导师。

然后，孩子远离父母，开始在社会上独立生存，父母既是最坚固的大后方，又是孩子人生航向的指引者。

亲子关系伴随着孩子的成长而变化。由抱着、背着、拉着、牵着，再到远远地看着。由一张床到两个房，再到远离家庭，父母和孩子的空间距离越来越远，心理依赖越来越少。

很多孩子都是青春期左右出现心理问题，一方面，这跟孩子青春期身体和心理的成长特点有关系，另一方面，青春期的孩子面临的挑战比较多，无形中对父母提出了更高的要求。

很多父母没有应对的能力，他们更善于提供一些现实层面的帮助,比如做饭、洗衣服、给钱等,但无法在心理和精神层面给孩子提供养料,无法适应孩子的这些发展需求,就很容易在孩子遭遇困难时被卡住。

6 如何有效管教孩子

一些孩子抑郁了,整天玩手机,不睡觉,不学习,还随意发脾气,父母着急又无奈,敢怒不敢言。一方面,他们怕孩子情绪不好,抑郁复发或者加重。另一方面,他们内心并不认可目前的状态,怀疑自己是不是在纵容孩子,让孩子"变本加厉""无法无天"。

父母的担忧不无道理。

孩子抑郁以后,亲子关系会发生变化,专制型父母表现得最突出。一些父母以前对孩子比较严厉,指责多,要求多,现在孩子抑郁了,父母自我反思,内心充满了对孩子的亏欠和对抑郁的恐惧。带着深深的自责和内疚,他们很容易变成纵容型父母。只要孩子能开心,父母没有要求,一切都可以。不再讲规则,不再发脾气,一切以孩子的情绪为重。

这样的调整从短期看有利于孩子的恢复。但如果一直这样下去,孩子就会被纵容,未必是好事。

所有的调整都是为了孩子更好的发展。不抑郁并不是真正的目标。一味地讨好孩子,孩子的情绪可能会有所改善,但是,这样做的不良影响也很多。

孩子年龄小，认知、习惯和性格都在形成阶段，纵容型的关系不利于培养出能力强又自律的孩子。孩子终究是要长大的，教育的目的不是为了让孩子舒服，而是要帮助他们发展能力，适应社会。

怎么办呢？

父母要学会两手抓：一手爱孩子，一手管孩子。既要给孩子高质量的、无条件的爱，又要给孩子立好规矩，培养习惯，增强能力。这两只手缺一不可。

爱孩子的手：提供情感支持，情感抚慰，让孩子感觉被爱、被接纳、被包容，可以自由、舒展地做自己。

管孩子的手：提供规则、要求，让孩子建立规则意识，学会自我约束、自我管理。

自律和自由可以携手同行。健康且平衡的管教，在提升孩子的情绪智力和自律中起到关键作用。

父母需要学会在两只手之间保持平衡。孩子情感情绪出了问题，爱孩子的手就要赶紧伸出来。当孩子没有规矩界限的时候，管孩子的手就要加大力气。

现代家庭教育都在提倡父母的爱是无条件的,我发现很多人把这个"无条件"理解错了。无条件不是无原则、无限制,恰恰相反,高质量的父母之爱既是无条件的,又是有原则、有限制的。无条件指的是"我爱你,不因为你表现得怎么样或者做了什么。不因为你是男孩/女孩、你学习好、你听话、你乖顺,我才爱你。你是我的孩子,我是你的妈妈,这份母子之爱从孩子一降生就开始了,是没有条件"。

有原则呢,指的是"我爱你,我希望你好,所以我不仅爱你,更要会爱。我要用真正对你好的方式去爱你,从长远去培养你,而不是只要你当下舒服就够了"。

《西游记》里有一个三打白骨精的故事。孙悟空要出去找吃的。为了防止唐僧被妖精抓去,孙悟空用金箍棒在地上画了一个圈。他告诉师傅,只要在这个圈里,你就是安全的,千万不要出了这个圈。

我们对孩子的爱和这个圈有点类似,家庭教育里也要有这样一个圈。

在这个圈里,孩子可以很自由,可以站,可以坐,可以走,可以躺,可以聊天,但是不能出了这个圈。这个圈限制你,但是它也能保护你。如果出了圈就容易失控,可能还有危险。

不过,这并不意味着——如果你出了圈,我就不爱你了。

我还是爱你的,但是你出了圈,可能得吃苦头,受到惩罚或者付出代价。

高质量的父母之爱是两手抓的,一只手是无条件,一只手是有原则。

无条件为孩子提供支持，有原则为孩子提供限制。在孩子的情感上我们无条件支持，但是在言行和习惯上我们要有限制有要求。既不能打压和折损孩子，又不能溺爱和放任孩子。

这是一种高难度的平衡。

我跟很多父母开玩笑，教育好孩子，你就是一个平衡大师了。

很多时候，父母就是一只手拿矛，一只手持盾。矛有矛的威力，盾有盾的作用，它们可以相互配合，既能攻击，又能自保，并不会自相矛盾。

按照"两只手"的理论，你会发现，四种有问题的亲子关系都是不平衡的。

（1）忽视型父母

"爱孩子的手"和"管孩子的手"都比较弱。

对忽视型父母的建议：

- 当孩子需要时，父母能够做到"人在场，心也在场"。
- 重视孩子，留出时间陪伴孩子。
- 倾听孩子，陪孩子玩耍，做孩子喜欢的事情。
- 多表达对孩子的关心和爱，认可、鼓励孩子。
- 经常和孩子谈谈心。

（2）专制型父母

"爱孩子的手"比较弱，"管孩子的手"比较强硬。

对专制型父母的建议：

- 尊重孩子，平等对待孩子。
- 多倾听，了解孩子的内心世界。

- 肯定、鼓励孩子，尽量少指责、评价孩子。
- 陪孩子玩耍，做孩子喜欢的事情。
- 经常和孩子谈谈心。
- 学会向孩子道歉。

（3）放纵型父母

"爱孩子的手"比较强，"管孩子的手"比较弱。

对放纵型父母的建议：

- 强调界限，对孩子有基本的底线和规则。
- 培养良好的习惯，按时吃饭睡觉，限制孩子玩游戏、花钱等。
- 以身作则，坚持规则，不要轻易变动。
- 父母不要把所有的注意力都放在孩子身上，要有自己的生活。
- 让孩子学会自己做事，并为自己的行为负责。

（4）捆绑型父母

和孩子之间没有两只手的距离，在心理上完全捆绑在一起。

对捆绑型父母的建议：

- 有自己的生活，培养兴趣爱好，不要把所有的注意力都放在孩子身上。
- 学习情感独立，适度拉开距离，不要依赖孩子、向孩子要安慰。
- 学会放手，向后退，不过度干涉孩子的生活。
- 不要向孩子哭诉自己的婚姻和成年人的纠纷，让孩子安心做孩子。

本章小结

- 先搞好关系，再教育孩子。没有良好的关系，无从谈教育。
- 四种有问题的亲子关系类型：忽视型、专制型、放纵型、捆绑型。
- 孩子年龄不同，成长重点不一样，对父母的要求也不一样。
- 父母要学会两手抓：一手爱孩子，一手管孩子。高质量的父母之爱既是无条件的，又是有原则有限制的。

互动练习八

平衡亲子关系

想一想你和孩子的关系是一种怎样的关系？如何运用"两只手"平衡好亲子关系，让孩子自由又自律？

	亲子关系类型	如何平衡亲子关系？	
		爱孩子的手	管孩子的手
母子			
父子			
其他重要关系			

4

拥抱抑郁小孩

第四部分
孩子的状态调整

第十章 接住情绪：让孩子感受到被认可

抑郁属于情绪情感（心境）障碍，顾名思义，问题主要出在情绪情感上。所以，帮助孩子克服抑郁也主要在情绪感受层面上做工作。

这句话非常重要，我要放慢速度，一字一顿再强调一遍——抑郁是一个情绪情感问题，我们要学会在情绪感受层面上做工作。

之所以强调这一点，是因为我们大多数人都想不到也不太会在情绪感受层面上做工作。

拿小张打个比方：小张同学抑郁了，情绪低落，什么都不想干，学习拖延回避，经常看手机刷视频。马上高二了，小张自己也很着急，但就是没办法控制自己。

这时候，如何帮助小张呢？

（1）给小张讲讲道理："都高二了，你应该好好利用时间""不要这么消极，做人要积极主动一点""老师批评你也不是没有道理"。

——这些是在做认知层面的工作。

（2）施加压力，加强管理，逼迫小张好好学习："不想学也得学！""把手机收起来！"

——这些是在做行为层面的工作。

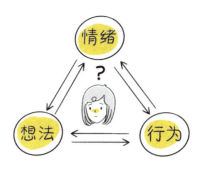

让我们理性地想一想，孩子情绪低落，焦虑又受挫，还有深深的无助感，讲道理和施加压力能够改变孩子的状态吗？孩子知道时间紧压力大，自己有很多问题，就能够不焦虑、不受挫、不无助、积极主动、健康快乐吗？

我觉得很难，这些方式不仅改变不了小张的状态，反而会加剧焦虑和抑郁。小张会越来越难以应对压力，烦躁抑郁。

怎么办呢？

回到刚开始的那句话：抑郁是一个情绪情感问题，我们要学会在情绪感受层面上做工作。

事情有两个层面，一个是现实层面，另一个是感受层面。

孩子学习成绩下降，这是现实；内心感觉压抑、紧张，这是感受。

孩子请假，不想去上学，这是现实，对上学恐惧、害怕，这是感受。

现实和感受是一件事情不同的两面，它们常常交织在一起，相互影响，但不是一回事。

举一个成年人的例子：丈夫出轨被发现了，妻子很悲痛。丈夫承诺与第三者一刀两断，回归家庭。

按理说，现实层面上问题已经解决了，日子照常过，婚姻很稳定。可是，问题真正解决了吗？他们的感情能够像以前一样吗？

现实问题是解决了，不代表感受问题消失了。现实是现实，感受是感受，这是两条路线，不是一回事。

人是生活在现实中的，更是生活在感受中的。事情很重要，情绪和感受也很重要。很多矛盾和困扰都是因为情绪问题没有解决，一旦情绪问题捋顺了，现实问题并不是真正的困扰。

父母给小张讲道理，施加压力，指责、打骂孩子，都是试图在现实层面解决问题，而没有解决感受层面的问题。

父母在现实层面，孩子在感受层面，父母和孩子在不同的频道上。似乎双方是在说同一件事，但相互没有交集，无法真正互通。

这并不是说现实问题不重要，为了让小张高兴一点，父母也会绞尽脑汁。只是父母不明白，学习上拖延回避是一种外在表现，真正的内核问题是抑郁，是情绪感受的问题。只"治标"不行，还得"治本"。只有排除情绪情感的内在障碍，孩子才能够从心里头热爱学习，享受学校生活。这种处理方式不是直来直去解决现实问题，而是拐了一个弯儿，把重点放在解决情绪问题上。当内在的情绪困扰解决了，很多外在的行为问题也就消失了。

接下来的这部分内容，我将介绍父母如何从情绪、想法和行为三个层面帮助孩子克服抑郁。我们先从情绪开始入手。

1 像接住苹果一样，接住孩子的情绪

如果孩子给你一个坏苹果，你要怎么处理呢？

我想到一个脑筋急转弯：如何把大象关进冰箱里？

第一步：打开冰箱。第二步：把大象塞进去。第三步：关上冰箱门。同理，如果孩子给你一个坏苹果，你要怎么办？

我们可以照着葫芦画瓢：

第一步，接过苹果。

第二步，观察，看一看，闻一闻，这个苹果怎么了？哪里坏了？是被虫子咬了还是时间太长了？

第三步，处理这个苹果。可以削削皮，可以切去一块，或者干脆扔掉换一个。

第四步，把处理好的苹果给孩子。

这个题目有点小儿科，我想借此表达一个隐喻：帮助孩子处理情绪和处理坏苹果是一模一样的。

当孩子表现出负面情绪时，就是给你抛过来一个"坏苹果"，如何帮助孩子处理这个"坏苹果"呢？也可以分四步：

第一步，接住孩子的情绪。

第二步，观察，倾听，引导孩子梳理情绪。这是什么情绪？它带来什么样的感受？它是因什么而起的？

第三步，共情孩子的情绪，就是帮助孩子处理和调整情绪。

第四步，引导孩子表达情绪，解决问题。

听上去很简单。你可以仔细回想一下，当孩子向你表达生气、紧张、厌烦、难过、恐惧的时候，你是如何处理的？

事实上，我们很少像处理坏苹果一样处理孩子的负面情绪。

孩子：妈妈，我累了。

妈妈：你刚睡过午觉，不可能累。

孩子：（大声）我就是累了！

妈妈：累什么累，你就是不爱学习，别拖拖拉拉的，快去写作业！

孩子：（哭闹）不，我累了！

孩子：爸爸，我害怕。

爸爸：这有什么好怕的？男子汉应该勇敢一点。

孩子：（往后缩，哭）不，我怕。

爸爸：（强拽）不许哭！真丢人，勇敢一点！

孩子：这个饭局真无聊。

妈妈：不会吧，这么多人，很有意思啊。

孩子：一点也没意思，我讨厌这样的聚会。

妈妈：不许这么说话！太没礼貌了！

大家看出问题来了吗？

当孩子表达他烦、累、害怕、委屈、难过的时候，父母常常一开口就把孩子的感受挡回去了。我们很习惯去评价并且否定不好的东西，包括孩子的感受。

当我们否定孩子、教育孩子时，这些回应都是在告诉他：不要相信你自己的感受，你的感受不好，这种感受根本就不对，你不应该那样，你应该听我的，我的判断才是对的……

想一想：如果你是这个孩子，会有什么感觉？

如果孩子的感受被不断否定，他会愈发困惑和愤怒。

这也就解释了为什么父母和孩子之间三五句话就能把天聊死了，大家要么沉默，要么争吵。

孩子的坏情绪就是一个坏苹果，我们要帮助孩子处理情绪，就要先把这个苹果接过来。只有先把情绪接过来，我们才有机会去做后面的工作。

孩子：妈妈，我累了。

妈妈：哦……（接过苹果）刚睡过午觉，还是有点累是吗？

孩子：爸爸，我害怕。

爸爸：嗯，（接过苹果）我感觉到了。

孩子：这个饭局真无聊。

妈妈：哦，这样啊……（接过苹果）是什么让你觉得无聊？

把苹果接过来，把问题接过来，把情绪接过来，不管是什么，道理都是一样的。这是我们进行干预和处理的前提条件。

先接住孩子的情绪，让孩子稳定下来，愿意跟我们分享更多。只有这样，我们才能看清楚苹果到底坏在哪里，才可能判断出问题是什么，如何进行有效干预。

"接住"不代表问题解决了，它只是第一步。接住孩子的负面情绪，让孩子把情绪表达出来，我们看见了、听见了、感受到了，孩子的情绪被我们包容了，他的内心就平静了。然后呢，我们再像平常一样给出建议和方法，此时孩子就容易接受了。

2 接住孩子情绪的技巧

（1）看着孩子的眼睛，全神贯注倾听

人们通常认为谈话就是语言交流，其实，65%的交流是靠非语言行为完成的。姿势、表情、动作、声调、语速、重音、沉默等都是非语言交流。

很多父母会一边看手机或者做家务,一边听孩子说话,当孩子表达:"爸爸/妈妈,你在听吗?"父母会答:"你说吧,我听着呢。"可是,孩子会感觉到你并没有重视他的话。

比语言技巧更关键的是我们的态度。全神贯注地倾听会让孩子感觉被接纳。拉着他的手,看着他的眼睛,关注他的情绪,此时我们的体态和表情比语言更重要。

(2)用简单的词回应孩子,引导孩子多说

不要着急提问、评价、建议,以关心的态度,使用"哦""嗯""是的""这样啊""我懂了"这样简单的话来回应孩子。

先接住孩子的情绪,以简单的词语回应孩子,引导孩子多说,父母少说或者不说。通过叙述,孩子可以表达出自己的感受,也可以整理想法和思路。

(3)可以猜测并说出孩子的感受

当你听懂了孩子在表达什么样的情绪,可以用简单的话说出他们的感受。比如,孩子讲述了和好朋友的争执,指责对方时,你可以说:"哦,他那样做你有点难过是吗?"

当孩子有负面情绪的时候,很多父母不会这样做,因为他们担心说出孩子难过会让孩子更难过。

恰恰相反,听到对方能够准确说出自己的感受,对孩子来说,他的内心会被安抚,感觉有人能够理解自己。这样处理还可以帮助孩子从情绪中释放出来,积极面对问题。

3 不认可孩子的表现，怎么接纳孩子

父母有时候会感到很困惑："如果我接纳孩子的所有感受，是不是意味着他做任何事情都是对的？这样做会不会鼓励和认可孩子的不当言行呢？"

接纳并不代表认可。我们接住的是孩子的情绪，任何感受都可以被接纳被讨论，但这并不意味着父母认可孩子的行为。

共情，我们"共"的是"情"，不是"事"。感受没有对错，所有的感受都是可以被接纳的，但是行为有对错，某些行为必须受到限制。

如果孩子发脾气，我们要接纳的是孩子的感受，感觉不公平、委屈和生气都是正常的，都是可以被接纳的，但这并不代表可以大吼大叫。

再比如，有些孩子对学习很焦虑，在学习上有挫败感，认为自己学习很差，不想面对困难，不想去上学。

我们接纳孩子，不是认可他逃避困难、不去上学这种行为，而是接住他的感受。压力面前孩子有困难，有挫败感，非常无力。这是孩子的感受。孩子有这样的感受是合理的，但这并不意味着，为了应付这种负面的感受，采用的逃避方式是好的。

一位妈妈告诉我，孩子抑郁以后经常发脾气，在家里摔摔打打。父母内心愧疚，对孩子一味迁就，不敢表达任何不满。可孩子并没有因此有所顾及，反而认为一切都是父母的错，在家里想发火就发火。

接纳孩子的感受，并不代表着纵容孩子不合理的言行。当孩子的所作所为让你难以接受的时候，应该让孩子知道你的感受。

"孩子，你刚才那样做让我很难过。如果你认为我们做得不好，可以心平气和地坐下来谈谈，我们愿意做出调整。但是摔东西、打人、骂人是不被允许的。"

很多时候，孩子并不需要我们认同他们的表现，而是需要我们回应和理解他们的感受。

那么，下面这种做法是否合适呢？

孩子：小张非要跟我玩，我不想理她，她真讨厌。

父母：你说得对，可以不跟她玩，她是够讨厌的。

话题就此打住了。类似"你做得对"这样的回应方式，也许能让孩子得到暂时的满足，但却妨碍了孩子对自己的反省。如果我们只是接住孩子的感受，而不去做评价，就能够引导孩子自己去思考和解决问题。

孩子：小张非要跟我玩，我不想理她，她真讨厌。

父母：嗯，看上去你有点生气。

孩子：是啊，她想干什么就干什么，我想做什么她总是拒绝，一点也没意思。

父母：（倾听）哦，是这样啊。

孩子：不过和她玩还挺开心的，就是有时候会不高兴……也许我应该把这些告诉她。

其实，所有年龄段的人在情绪低落的时候，都不在乎别人是否同意他的做法，需要的只是有人愿意倾听他的想法，并且理解自己正在经历的事情。

先接住孩子的情绪，当孩子的感受被接纳和理解了，他才能够不被负面情绪卡住。感受通畅了，孩子才能够遵守我们为他们设立的界限。这并不是鼓励孩子的不当言行，恰恰是帮助孩子做出反思和调整的第一步。

4 耐心倾听，不评价，不给建议

当孩子流露出负面感受时，很多父母会立刻给孩子建议。尽管很多建议看上去能够帮助孩子解决问题，但还是不要急于给出建议。

切记，我们要做孩子的情绪情感工作。接过孩子的感受就是和孩子做情感联结。联结顺畅了，我们才能开展情感工作。如果此时给出建议，工作还没有正式开始，就已经结束了。

孩子：妈妈，我累了。

妈妈：那就躺下歇会儿。

孩子：我有点烦。

妈妈：别想了，可以吃点东西。

孩子：算了，我不饿。

妈妈：那就别吃。

当一个人陷入负面的情绪和感受中时，如果我们不去理解他的感受，只是很理性地给出建议，这个人会感觉很不舒服，并因此愤怒和抵触。

为了加深体会，我们一起来做一个小练习：

有一天，老板给你安排了很多工作，并且要求当天完成。你忙了一整天，水都没来得及喝，可还是没完成。你想解释一下，老板向你大吼："不要找理由！我花钱雇你不是让你整天无所事事！"你气呼呼地回到家，老公正在看电视。

接下来，你老公试着"帮助"你，他用了五种方式。请你仔细体会一下这些方式，把自己本能的感觉和反应写下来。

（1）否定感受："你没有把工作做完，老板那么说很正常。现在都下班了，没必要生气，不要把坏情绪带回家。"

你的感受：_____。

（2）讲大道理："人生就是这样的，不如意事常八九。人在屋檐下，要学会看开些，世界上没有十全十美的事。"

你的感受：_____。

（3）指出问题："这不能怪别人，你要多想想自己的问题。你干活太慢了，很多基本技能掌握得不牢固。"

你的感受：_____。

（4）给出建议："你不能做得快一点吗？你得学会提高工作效率，别太较劲了，多向领导请教。"

你的感受：_____。

（5）提问："老板都给你安排了些什么事？别人的事和你一样吗？别人也做不完吗？以前发生过这样的事吗？你为什么不跟他解释一下呢？"

你的感受：_____。

有没有发现，当我们在难过、委屈或者受伤害的时候，最不想听到的就是他人否定我们的感受，讲大道理，指出问题，还有给出所谓的建议，这些只会让我们感觉更差。这时候我们通常的反应就是："算了算了，你别说了，我不想再和你说话。"

讲大道理就是事不关己，站着说话不腰疼。

给出建议就是不断提要求，给一个快要崩溃的人加压。

否定感受和指责，就是无视情感感受，在伤口上撒盐。

如果这个时候有人愿意倾听，理解你的委屈，让你表达出受伤和愤怒的感受，你会不会感觉好一些？当你疏解了负面情绪，能够慢慢平静下来，就会反思："是不是我太慢了，哪些工作不太懂……老板平时还不错，是不是压力很大……我明天早点到公司……要不我单独找老板谈一谈？"

这个过程对孩子也同样适用。如果我们能倾听孩子，接住孩子的负面感受，去理解他、包容他，同样有助于孩子自己解决问题。

一个爸爸讲述了一段经历。一天，儿子回到家很气愤："哼，我再也不理小王了！"

以前他们的对话会是这样：

儿子：我再也不理小王了！

爸爸：为什么？怎么了？

儿子：他把我的笔扔进垃圾桶了。

爸爸：他是不是没看见呀？

儿子：他就是故意的！

爸爸：那肯定是你先招惹他了？

儿子：没有！

爸爸：真的没有吗？

儿子：我发誓，我没有招他。

爸爸：那就好。你和小王是好朋友，别在乎这点小事。再说了，你自己也有毛病，有时候你也会扔弟弟的东西，别总责怪别人。

儿子：我没有！算了，不和你说了。

值得庆幸的是，这位爸爸明白了先要接住孩子的感受，现在他们的对话是这样的：

儿子：我再也不理小王了！

爸爸：哦，你生气了？

儿子：我真想揍他一顿！

爸爸：你这么生气啊。

儿子：你知道他干了什么吗？他把我的笔扔进垃圾桶了。

爸爸：哦！

儿子：他怀疑那个漫画是我画的。那不是我画的，是小张画的，他把小王画成了一头猪。

爸爸：哦，是小张画的，不是你画的。

儿子：大家都嘲笑他，小王哭了，他可能因为胖有点自卑吧。

爸爸：嗯。

儿子：好朋友不能看笑话，我应该向他解释清楚。

这位爸爸惊讶地发现，他只是倾听，没有提任何问题，孩子竟然把事情的原委都告诉了他。他也没有给孩子任何建议，孩子自己就找到了解决办法。只是倾听孩子说话，简短地回应他的感受，对孩子的帮助就这么大！

很多时候，孩子并不是卡在不知道如何解决问题上，而是卡在自己的情绪上。

耐心倾听孩子，用简单的回应引导孩子讲出真实感受，先做情绪联结，不要着急给建议。这个时候，跟孩子做情绪联结，共情孩子的感受，就是在帮助孩子解决问题。当孩子情绪顺畅了，他们会自然而然地找到解决办法。

5 你的"情绪罐子"有多大

接住孩子的情绪，说起来很简单，真正做到却不容易，特别是当孩子抑郁的时候。

抑郁的感受让人很难消受，很容易"传染"，父母需要有足够的耐受力，才能接得住孩子抛过来的"滚烫山芋"。如果父母无法承担和耐受负面情绪，也就无法做到接住孩子的感受。

我们拿什么来接住孩子的感受呢？

我把这个"容器"称作"情绪罐子"。

是的,就像接住苹果需要一个篮子,放蛋糕需要一个盒子一样,我们需要有一个容器才能接住并容纳孩子的情绪。

这是一个看不见摸不着的容器。这个容器不仅要承纳父母自己的情绪,当孩子需要帮助的时候,父母还要用它帮助孩子容纳一部分情绪。

现在请想象一下,你的情绪罐子是什么样的?它有多大?它能承接多少东西?它是细腻的还是粗糙的?它是坚固的还是脆弱的?

有三种比较常见的"情绪罐子":

第一种,汽油桶。

孩子:马上要考试了,我压力好大呀。

父母:你那点压力算什么,我现在压力才大呢!公司月月都考核,完不成任务还要扣工资,时刻都得看老板脸色……下了班也累得够呛,一家子老的小的都得我照顾!

孩子本来是想向父母寻求安慰的,结果父母根本不理会他的感受,滔滔不绝地表达自己的愤怒、焦虑和委屈。

有些父母会这样说:"光说压力大,也没看见你着急啊?学习是你自己的事,你就不能上心一点儿吗?看看人家小王,再看看你,上次成绩也那么差,以后可怎么办啊!"

这样的对话,孩子的感觉不是轻松,而是愈加烦躁和恼火:"别说了,烦死了。本来心情就不好,听你说完更烦了。"

这些父母内心好像有个"汽油桶",已经装满了负面情绪,一点也没有多余的空间了。孩子只要扔过来一根火柴,父母的汽油桶就会爆炸。

第二种,反光板。

孩子:马上要考试了,我压力好大啊。

父母:别跟我抱怨,这个社会谁的压力不大啊?我忙着呢,自己的事情自己解决。

这样回应的父母就像反光板一样,把孩子扔过来的情绪原封不动地挡了回去,孩子没有得到任何理解和安慰。

这样的父母没有承接和容纳情绪的概念,他们通常很理性,习惯就事论事,"你想怎么办,直接告诉我,不要跟我说一些有的没的,什么感受啊想法啊,这些都没用"。

对于自己的负面情绪,这些父母要么用理智去回避,要么表现得根本不在意。对于孩子的负面情绪,他们也习惯不管、不听、不看、不面对。

第三种,某种罐子。

做父母培训的时候,我经常邀请大家来画一画自己的"情绪罐子"。我发现,大家画的都不一样:有的是一只小茶杯,有的是一只大海碗,有的是一只盛了水的水缸,有的是插着小花的花瓶。

各种各样的罐子,让人浮想联翩。这些容器可以承接多少情绪?面对孩子扔过来的难过和愤怒,它们能够稳稳地接住吗?

"宰相肚里能撑船",如果内心的容器足够大足够坚固,就能接得住人世间的各种难过、愤怒和恐惧,也就能够承担起大事,担得了重任。

"能撑船"这样的要求太高了,普通人很难做到。不过,这种追求还是要有的。做父母需要不断学习和成长,要学着扩容和打磨自己的情绪罐子,让它大一点、空一点、坚固一点、稳定一点。

第十章 接住情绪:让孩子感受到被认可

| 本章小结 |

- 先接住孩子的情绪，才能在情绪上做工作。
- 接纳孩子的情绪，不代表认可其行为表现。所有感受都应该被接纳，但某些行为必须受到限制。
- 当孩子表达负面感受时，要耐心倾听，不要评价，也不要立刻给建议。

互动练习九

扩容"情绪罐子"

接纳孩子的情绪，父母需要一个容器。你的情绪罐子是什么样的？它有多大？它能承接多少情绪？它是细腻的还是粗糙的？是坚固的还是脆弱的？是稳定的还是变化的？

1. 画一画你的情绪罐子。

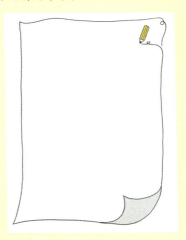

2. 想一想怎样扩容和修炼自己的情绪罐子，让它大一点，空一点，坚固一点，稳定一点。

第十一章 梳理情绪：引导孩子确认自己的感受

1 怎样帮助孩子梳理"情绪球"

当我们接住了孩子的情绪，下一步就要对情绪开展工作了。

就像观察一个坏苹果一样，我们得先好好观察一下这个情绪：这是一种什么情绪？它持续了多长时间，强度如何？

听上去这一步很容易，我们可以直接问孩子："你有什么情绪呀？跟我说一说吧。"

然而在实际互动中你会发现，孩子往往很难说清楚，他可能一直在抱怨老师作业太多，或者反反复复纠结要不要和同学聚会，或者干脆告诉你："好累，好烦，我也不知道，就是不想干，做不下去……"可能孩子说了很多，你仍然不知道他的情绪到底是什么。

确认情绪就像射击，我们得试图击中靶心。当孩子说"我很难受"时，我们得搞清楚这种难受是一种什么样的感受。是委屈还是压抑？是紧张还是害怕？是自卑还是嫉妒？

难受是一种很笼统的概念，困了累了会难受，被批评会难受，丢了东西也会难受，但这些难受完全不同。所有负面情绪都会让人难受，我们得靠近情绪的靶心，探明孩子说的"这个难受"到底指的是什么。

　　小李同学是一个读高三的女生,被医院诊断为焦虑、抑郁。她经常挂在嘴边的就是两个字——"很烦":数学很烦,考试很烦,睡不着很烦,妈妈很烦,朋友很烦,一个人也很烦……

　　小李表达情绪的词语非常单一,要么"高兴",要么"很烦",一切不高兴的事情都"很烦"。

　　妈妈一听见小李说"很烦",焦虑值就会上升:"孩子抑郁是不是更严重了?这可怎么办呢?"

　　其实,小李说的"很烦"不一定是抑郁。

咨询师:最近在学校过得怎么样?

小　李:很烦啊。

咨询师:嗯,很烦是一种什么感觉?

小　李:上学期数学是班里前几名,这学期一开始,我也不知道怎么搞的,考得很不好。现在一到要考试,我就很烦。

咨询师:嗯,听上去好像是紧张,是担心考试吗?

小　李:是啊,一到考试我就难受,喘不上气来,压着什么东西似的(她摸了摸心口)。

咨询师：你感觉有压力，有点紧张、担忧、焦虑，还有一些害怕，你说的很烦指的是这种感觉吗？

小　李：对，就是这种感觉。

……

咨询师：上周你说和妈妈吵架后很烦，这种烦和那种烦一样吗？

小　李：不一样。

咨询师：感觉有什么不同？

小　李：这个烦就是担心考试考不好，有压力，就是你说的焦虑、紧张。和妈妈吵架以后是很难受，她一直不回应我，我就很烦。

咨询师：嗯，你希望她回应你，理解你，她的沉默让你生气吗？

小　李：嗯，好像是。

咨询师：如果妈妈能够理解你、回应你，你会感觉怎样？

小　李：会感觉好一些，说明她在意我呀。

咨询师：和妈妈吵架后你有点生气，也有些难过，你觉得妈妈不在意你，不爱你，是吗？

小　李：是的……

经过仔细讨论，小李发现她的"很烦"包含了很多种负面感受，这些感受各不相同：

考试前"很烦"是焦虑，紧张；和妈妈吵架后"很烦"是难过，害怕；数学让她"很烦"是受挫，自卑；一个人的时候"很烦"是无聊，无趣；早上不想起床"很烦"是头晕，没睡醒；和朋友在一起"很烦"有时候是委屈，有时候是生气，有时候是自卑……

"很烦"就像一团乱麻,而这样的梳理能够帮助小李把乱麻梳理开,重新缠绕成一个个明晰的情绪球。

抑郁是一种复杂的感受,往往有很多负面情绪交织在一起。这些情绪里可能有焦虑、紧张、担忧,可能有愤怒、嫉妒、羡慕,也可能有委屈、难过、悲伤,还可能有内疚、自责、害怕。这些情绪相互纠缠、发酵,就像是一团糨糊,黏糊糊的,说不清道不明。所以,很多人把抑郁形容成"沼泽""荒漠""乌云""一片灰色"。

情绪越复杂,孩子越难以准确表达。很多孩子会说"很烦""不舒服""很难受""不知道怎么了"。

这时候,我们要帮助孩子把内心的感受梳理一下,分门别类,看一看这堆乌云是什么,那堆又是什么。只有看清楚内心的感受,才能有的放矢,去调整和处理它。

2 孩子说不出自己的感受怎么办

几天前,有位妈妈向我诉说她的苦恼:有一天晚上,7岁的儿子不停地哭闹,谁劝也不行。儿子一个劲儿地大喊:"阿姨不要我了!阿姨不要我了!"

她安慰儿子:"阿姨没有不要你,阿姨不是在这里吗?"阿姨也上去道歉:"我没有不要你,就是不想你爬那么高,会摔着的。"

儿子根本不听,还是继续哭闹,大喊:"阿姨不要我了!阿姨不要我了!"一家人都非常疲惫,无可奈何。

这位妈妈很困惑:"我已经很努力在回应孩子了,可是根本没有用，他一直哭，好像听不见我说的话，这种情况该怎么办呢？"

详细了解之下，才知道这个孩子的经历：

爸爸工作忙，妈妈要上班，孩子出生后主要由保姆照看。7年里保姆换了十几个，最长的一年半，最短的一两天。每个阿姨的年龄、性格和习惯都不一样，有几个阿姨经常会对孩子说："小孩儿要听话哦，要不不要你了。"除此之外，爸爸妈妈也很急躁，生气时经常对儿子说："你好烦人，不要你了。"

那天下午，顽皮的孩子爬上一座高坡，一不小心，从高坡上滚下来了，哇哇大哭。

阿姨跑过来，又着急又生气，对着孩子就是一通数落："让你别爬你非得爬！一点也不听话！不要你了！"

下面是咨询师和孩子妈妈的对话：

咨询师：你觉得孩子在表达什么感受呢？

妈　妈：不知道啊，他害怕阿姨不要他？

咨询师：你觉不觉得他是在说"妈妈，我很害怕"？

妈妈一愣。

咨询师：让我们想象一下，如果你现在变成了一个7岁的孩子，你不小心从高坡上摔了下来，那一刻，你会是什么感受？

妈　妈：肯定很疼，也很害怕，吓了一跳。

咨询师：嗯，你很疼很害怕。这时阿姨过来了，她没有关心你摔坏了没有，也没有安抚你，一开口就是指责，不仅指责，还吓唬你不要你了。你会是什么感觉呢？

妈妈（眼圈红了）：那，我该怎么回应他呢？

咨询师：如果你是那个孩子，你希望妈妈怎么回应你呢？

妈妈（哽咽了）：我希望妈妈把我拉到身边，抱抱我，关心我，不要指责我……

是啊，把儿子拉到怀里，仔细看看他哪里摔疼了，问问他腿还疼吗？胳膊有没有摔坏？当时有没有害怕，会吓一跳吧？阿姨那样说让你很难过吧……

不同的角度和位置决定了一个人的感受和想法。如果你无法理解孩子，可以把自己想象成孩子，感受他所处的环境和压力，经历他所经历的事。

父母曾经也是孩子，也都经历过学业压力和社交困惑。想象一下你的童年和青少年时期，是否也有过和孩子一样的感受和纠结呢？

3 如何引导孩子说出内心的感受

一位妈妈告诉我，"女儿和我关系很好，她很愿意和我聊，可我听了半天，也搞不清楚她是怎么回事。"

下面是她们的对话。

妈妈：你心情不好是吗？

女儿：嗯。

妈妈：是学业压力大吗？不要对自己要求太高了。

女儿沉默了。

妈妈：我们去找心理咨询师聊聊好吗？

女儿：不想去。

妈妈：为什么呢？

女儿：就是不想去。

妈妈：你觉得心理咨询没有用吗？

女儿：嗯。

妈妈：那你约同学出去逛逛好吗？

女儿：不去。

妈妈：你觉得很抑郁是吗？不想跟人交往？

女儿：对。

妈妈：你这么难受为什么不去做心理咨询呢？

女儿又沉默了。

妈妈：你怕花钱是吗？花不了多少钱的。

女儿：没有人能够真正理解我。

妈妈：所以你应该找个专业的人聊聊啊。

女儿再次沉默了。

问题出在哪里？

在这段对话中，妈妈很努力地想要了解女儿的感受和想法，她一直在问，女儿只是"嗯嗯啊啊"，回答得很简短，信息量太少了。

提问有两种方法。一种是封闭式的提问，比如"你心情不好是吗？"这种提问很受局限，对方只需要回答"是"或者"不是"，我们获得的信息量很少。

封闭式的提问本身是有引导性的。妈妈的提问里隐藏着自己的看法，比如：你心情不好是因为学业压力大吗？你不想咨询是因为怕花钱吗？

还有一种是开放式的提问,比如"你今天心情怎么样?"

这种提问对方不能只用"是"或"不是"来回答,他可能说心情不好、很生气、很累;也可能说感觉还可以,和昨天一样;也可能说还不错吧,有一件开心的事。

所以你看,开放式的提问里没有暗示和引导,我们可以获得更多的信息,这种提问才能反映出孩子真实的感受和状态。

我把上面的对话改成开放式的提问,请你来体会一下有哪些不同。

封闭式提问:你心情不好是吗?
开放式提问:你今天心情怎么样?

封闭式提问:是因为学业压力大吗?
开放式提问:你觉得情绪变化可能跟什么有关?

封闭式提问:你觉得心理咨询没有用是吗?
开放式提问:你怎么看待心理咨询呢?

封闭式提问:你不想跟人交往是吗?
开放式提问:你可以和谁一起去玩玩呢?

我们想要了解孩子,就一定要给孩子机会,让孩子多说。用开放式提问,提问尽量简短,不夹带任何评价,给孩子提供一个自由表达的空间,让他们多说,大胆说,把自己的真实想法说出来,这样我们才能走进他们的内心世界。

4 层层深入,帮助孩子看见内心的冲突

梳理内在的困扰,就像剥洋葱,一层一层,层层深入。

我接待过一个大一女生,她因为"心情低落,开心不起来,影响学习状态"来咨询,她告诉我,"不知道为什么心情就是不好"。

我们一起梳理近期发生的事件,她说:"没有发生什么特别的事情,一切都和以前一样。"

交谈中,我感觉这个女孩嘴上说的和她的感受和行为有点不一致,这也是青春期孩子们常有的特点。嘴上说不在乎,无所谓,一切都挺好,却又感觉心情低落,想哭,似乎内心有某种冲突和矛盾。

我问:"当你不开心的时候,你会想些什么?"

她想了想,摇了摇头。

停顿了许久,她忽然告诉我:前一段时间一个男生说喜欢她,有事没事总来找她说话,后来男生表白了,她不想谈恋爱,于是拒绝了对方,再后来那个男生就不主动了,还和别的女生嘻嘻哈哈。

我问:"你对他什么感觉?"

她说:"我的情绪跟这件事没有关系。他不是我的菜,除了帅没什么优点,我更喜欢有内涵的男生,我一点儿也不在意他。"

她说:"我现在不会谈恋爱,没什么意思,太麻烦了。"

她还说:"我想当个女强人,将来赚很多钱……"

从她的言语中,似乎她有自己的目标,对谈恋爱不感兴趣,对那个男生也不感冒。但另一方面,她经常提及那个男生,有意无意

地揶揄他。有一次她还想去找个算命先生,算一算那个男生是否真的喜欢她……从这一系列的表现来看,她并不像自己说的那么无所谓。

我把这些反馈给她。她瞪大眼睛,吃惊地看着我:"不可能!你的意思是——我喜欢他?"

我说:"你喜不喜欢他我不知道,只是看到你的言语和行为有冲突,这可能是你内心矛盾的一种体现吧。也许我们每一个人,都需要花一点儿时间去了解真正的自己,去理解自己的感受。"

随后,我们一起讨论了她内心的感受和想法。她觉得自己有三个"情绪球":

一个是冲突,内心感觉很矛盾。她并不觉得那个男生特别优秀,也不觉得自己很喜欢他,但同时,她又很享受这个男生来献殷勤。她搞不清楚自己到底是怎么回事。

一个是失落。拒绝那个男生以后,男生就不主动了,她感觉好像有某些东西丧失了。"其实也没损失什么。"她说。

还有一个是难过。她认为男生这样朝三暮四,根本就不是真的喜欢她。而这个世界上,可能就没有人真正关心她。这些让她非常难过。

当我和这个女生渐渐沉下来,她内心深处的感受和渴望才慢慢浮出水面。

她告诉我,跟那个男生在一起,她感觉自己像个公主。从来没有人对她如此关注。

她的爸爸是一个工程师,一心扑在工作上,经常出差不在家。妈妈要求完美,很强势,也很严厉,经常指责她。爷爷奶奶呢,重男轻女,更喜欢弟弟。所以,她从小就觉得自己不招人喜欢,没有什么优点，直到这个男生来追求她。

她觉得自己一直都是被打压的，现在忽然被抬高了，这种感觉太好了。她无比迷恋这种被关注被呵护的感觉。

她确实不喜欢那个男生。男生不自律，爱玩游戏，邋邋遢遢，这些她都不喜欢。所以，当男生表白的时候，她本能地拒绝了。

随着男生被拒绝，那些关注和呵护也消失了。就像"一个从来没有被太阳照耀的人，偶然接触了阳光，却又立刻被送回了黑暗"，她感觉内心很失落很难过。

"嗯，就像你说的，你确实不是因为恋爱而难过，"我说："那个男生就像一个导火索，点燃了你压抑已久的渴望。"

她抬起头，就像我穿越了她的经历一样看着我。

那一刻，阳光透过窗户照在她的身上，空气里明亮温暖。她一边擦眼泪，一边告诉我："这太奇妙了，咨询室里有魔力。"

魔力？我想这可能是看见并理解的力量……

本章小结

- 抑郁常常是一堆复杂的情绪，父母要帮助孩子把这些相互交织的情绪分门别类，梳理成"情绪球"。
- 把自己想象成孩子，运用开放式提问，可以更好地了解孩子的感受。
- 孩子内心的感受可能和嘴上说的不一致，要像剥洋葱一样，层层深入。

互动练习十

梳理"情绪球"

1. 孩子今天的感受如何?和孩子一起讨论一下他的感受和情绪,并用合适的词语给这些情绪命名,比如愤怒、害怕、紧张、焦虑、委屈等。

2. 在下图中把这些情绪标记出来。

第十二章　共情情绪：帮助孩子理解自己的感受

1 情感的改变是如何发生的

先分享一个小故事：

太阳和风打赌，看谁能够让一个人脱下外套。风先上，他呼呼地吹起来，卷起落叶和石块。而这个人呢，不仅没有脱外套，反而把衣服裹得更紧了。

风灰溜溜地败下阵来，轮到太阳了。太阳不疾不徐，他照耀着大地，温度越来越高。那个人呢，很快就热得脱了外套。

有人说，世界上最难的事就是改变另一个人。其实也没那么难，只要有正确的方法是可以做到的。

如果像风一样，希望通过施加压力和威胁改变孩子，恐怕不会有好效果。你的风力越大，孩子就会越防御。

强压有两种后果：一种是表面妥协，心里委屈愤怒，心不甘情不愿；另一种是奋力抵抗，宁愿两败俱伤也不低头。

如果能像太阳一样，不施压、不强迫，不急不躁地影响他人，用不了多久，对方的态度就会改变。

这种改变不是你强迫他改的，而是他自己想要改。他不会认为是你改变了他，他觉得这是自己的选择。而事实上，你已经不动声色地改变了他。

孩子的情绪工作,我们也得这样做,关键之处就在于共情。共情就像太阳照耀对方一样,温柔又坚定,持续传达着影响力。看上去太阳只是在发光,好像什么也没做,却已经悄无声息地改变了一切。

做情绪工作,共情是核心,也是重点。

什么是共情呢?

共情就是理解他人特有的经历并相应地给出回应的能力。

共情就是能够在深层次上去理解一个人,去感觉对方的感觉,明白他的想法、动机、判断和渴望。

很多父母会把共情理解成同情。它们有相似之处,但不是一回事。

同情是"我"对"你"产生的感受。在心理上,我是高的,你是低的,我和你是不平等的。

共情是"我"感受着"你"的感受。心理上,我和你是在一个高度,是平等的。

共情是人与人之间相互联系的纽带,我懂你,你懂他,我们亲如一家。如果没有共情,我是我,你是你,我不懂你,你也不懂我。就算我们碰巧撞上,也会相互弹开,没有情感的牵系。

在给孩子们做咨询的时候,他们经常告诉我:"道理我都懂,我也想做好,只是需要别人片刻的理解和包容。"

每个人都渴望被共情。不管你年龄多大,是孩子还是成年人,都会渴望这份理解。

我特别喜欢《共情的力量》这本书里对共情的描述:

"共情的实质就是——把你的生活扩展到别人的生活里,把你的耳朵放到别人的灵魂里,用心去聆听那里最急切的喃喃私语。"

2 共情能够解决孩子的问题吗

对于共情,很多父母有困惑:"听上去,共情需要父母去理解孩子,跟孩子同频共振,这跟孩子的情绪有什么关系呢?"

这个问题特别好,简单来说,太阳对万物有什么作用,共情就对孩子有什么作用。

短期来看,父母的共情可以安抚孩子,让孩子从负面情绪中迅速挣脱出来。孩子感觉被关注被理解,会因此越来越健康有力。

长期来看,父母的共情可以帮助孩子发展出共情能力。一个人的共情能力是情绪稳定健康的基石。孩子有了较强的共情能力,情绪调节的能力就会增强,而且能够与他人建立比较深度的人际关系。

大脑有两个区域是跟情绪感受相关的,一个是杏仁核,另一个是大脑皮层。

杏仁核是情绪脑，是快速产生愤怒、恐惧等情绪的部位。在面临威胁的时候，它第一时间就会发出警报，刺激激素分泌，调动肌肉开始工作，让血液流向心脏，进入"战斗或逃跑"的状态，就好像一只狂吠的小狗一样。

大脑皮层是思维脑，它可以让我们反思自己的感受，并且根据思考之后的反馈来调节自己的行为。比如向火热的情绪传递冷静的理由，让自己冷静下来，思考之后再做出选择。

在情绪情感的产生和调整上，杏仁核和大脑皮层一起发挥作用。但是，杏仁核更本能，更迅速，也更顽固。很多人没有办法冷静下来，就是他们的杏仁核一直在活跃，大脑皮层无法发挥作用。孩子在焦虑、抑郁、愤怒时，没有办法冷静思考做出理性的决定，也是这么一个道理。杏仁核像小狗一样不停歇地狂吠，冷静的大脑皮层没有办法发挥作用。

神经生理学研究发现：共情的能力是直接连在大脑的神经回路中的，尤其是连在杏仁核和大脑皮层之间。共情能力强，大脑皮层和杏仁核之间的神经回路就强壮，我们的理性就能够快速地安抚和抑制"疯狂"的杏仁核。所以，共情能力强，情绪就会更平顺稳定，情绪的调整能力就会强。

父母的共情可以帮助孩子安抚和抑制像小狗一样狂吠的杏仁核，让他的情绪趋于平稳，更好地发挥大脑皮层理性的作用。

有父母问："光理解孩子能解决问题吗？问题还在啊，不还是要解决问题吗？"

这里我们要澄清一下什么是问题——孩子不想上学、成绩下降、社交困难、脾气大……这些都是问题。那焦虑、抑郁、紧张、恐惧呢？它们也是问题。

情绪是内在的问题，行为是外化出来的问题，它们并不是不相干的两个问题，而是一个问题的不同面向。

我们既要看见问题表现出来的一面，也要看到它隐藏起来的那一面。

共情有疗愈力量，它是解决孩子内在情绪困扰的方法。

至于外在的行为问题，当然也是要解决的。但外在的问题和内在的问题是有先后的。里面的脓包不消除，外面的伤疤永远也不会好。我们得先解决内在困扰，再解决外在问题。

所以，共情能够解决情绪问题吗？

能。

共情能够解决孩子的所有问题吗？

不能。问题很多，方法也得多。共情只是重要方法之一，还需要其他操作一起发挥作用。

3 为什么有些孩子那么"冷酷"

小同妈妈讲述了一段自己的经历：

"跟老公吵架后，我一个人坐在沙发上生气。老大在写作业，只有3岁的老二小同跑过来，她拍拍我的后背，喃喃地说，'妈妈，你生气了，别难过，你想要玩我的小熊吗？'"

小同妈妈很感动，愤怒一下子消失了，感到自己被温暖包围着。

3岁的女儿感受到了妈妈的情绪，并试图用自己的方式安抚妈妈。这个过程就是共情。

和孩子互动时，很多父母非常恼火受挫，孩子只想着自己，无法体会和理解他人，"不懂事""不近人情""很冷漠"，一些行为让父母感觉"很心寒""这么多年的付出都白费了"。这些表现都说明孩子缺乏共情能力。

共情能力是如何发展起来的呢？

心理学研究发现：共情是通过亲子相互交流发展而来的，而且从婴儿期就已经开始发展了。

当婴幼儿感到自己被父母认真倾听或者注视的时候，他们就会体验到愉悦感，并会将这种注视和感受他人的方式内化到自己身上，然后付诸实践。

也就是说，孩子是从接受父母的共情中体验到共情、学到共情的，然后才能去共情他人。如果父母没有共情能力，孩子根本体会不到共情，也就无法理解和共情他人。

在孩子成长过程中，如果父母能够温柔地呵护孩子，在情感上与孩子同频互动，共情的神经回路就会被加强，孩子才能够发展出更高的情商，情绪也会更稳定。

相反，如果父母经常忽视孩子的感受，或者用愤怒、暴力对待孩子，就会让孩子共情的神经回路发生短路。时间长了，孩子的共情能力就会低，情绪更容易失控，并产生各种各样的情感困扰。

如果孩子哭的时候能得到安抚，笑的时候能听到他人的笑声，他们就会相信外界会用安抚的方式来回应自己的情绪。但如果他们的眼泪总是没有人关心，恐惧总是被忽略，那他们就以为这个世界是没有回应的，父母不在乎自己。总是被忽略，孩子的情感就会逐渐收窄，恐惧会成为情绪中的主导。

童年阶段是孩子情绪情感发展的关键时期。如果错过了这个阶段真的非常可惜。但好在大脑的发育将会持续一生，神经回路一辈子都在变化。如果孩子共情能力弱，父母从现在开始补课还不晚。

4 你真的理解孩子吗

"我理解你，谁都有心情不好的时候，但是——你都上初中／高中了，应该安排好自己的时间，应该自律一些，应该克服困难，应该养成良好的学习习惯，应该把跟学习无关的事放在一边，应该……"

这段话你熟悉吗？

很多父母都觉得自己很理解孩子，知道孩子压力大，学习累，有人际困扰，心情不好，但是……

我要特别强调一下这个"但是"，因为之前的话都是铺垫，"但是"后面的话才是心声。

你真的理解孩子吗？

请别着急回答，慢慢想一下。

你知道孩子的具体困难是什么吗？"压力大，有人际困扰"是泛泛而谈，更具体一点呢？

什么样的压力？为什么对他是压力？为什么现在是压力？孩子是受挫还是害怕指责？是焦虑还是自卑？为什么会有这些感受？他以前怎么应对压力？尝试过什么方法？为什么会有回避的习惯？这些行为在表达什么？孩子在想什么？为什么会这么想……

"知道"不叫"理解"，"知道"和"理解"是完全不同的两个层次。

"知道"是理性的，浅层次的，是旁观者的视角。

"理解"是感性的，深层次的，深入内心的，是把自己融化在孩子的生活里，去体验孩子的感受。

当你真正理解一个人时，你的感受和他在一起，言行也会变得心慈手软。

父母真正理解一个被抑郁困扰的孩子，理解他的压力和无助，不太可能脱口而出"我理解你，但是你应该"这样的话。这种回应说明父母并没有和孩子站在一起，所谓的"理解"只停留在"知道"的层次，真正的用意是提要求。

小张妈妈生气地告诉我："孩子这样，我真的无法理解，简直不可理喻……"

是啊，很多孩子的言行都极具挑战。我想问："你想理解孩子吗？"

小张妈妈条件反射式地回答："我想啊"。"别着急，好好想一想，你，真的，想，理解他吗？"

小张妈妈说："我不想，这些错误根本不值得理解！"

对嘛，很多时候，我们不想真正理解孩子。那我们想干什么呢?

"我,"小张妈妈迟疑了一下,语气突然平缓了:"不想理解他,我只想改变他,让他按照我的想法去做。"

我很欣赏这位妈妈的坦诚,类似的情况在父母中非常普遍。我们不关心孩子有什么感受什么想法,我们只希望他们按照我们的想法去做。

我们一门心思只想改变他们。

5 怎样才能共情孩子

共情是理解他人特有的经历并相应地做出回应的能力。它包含两个方面:第一,理解他人;第二,用共情的方式做出回应。

孩子是通过父母的回应感受到自己被理解的,理解孩子和回应都很重要。父母在表达理解,但孩子认为父母不理解自己,可能是父母的理解还不够,也可能是因为他们回应不当。

（1）放下期待和评价

理解的世界里没有对和错。理解不是用对错去判断，而是用心去感知。

"跟你说过多少遍了，你应该这样，为什么就非得那样？你就是懒惰，你就是矫情，你就是不上进，你就是自私，你就是脾气差……"

每当听到父母对孩子这样说，我的心都在颤抖。我仿佛看到一棵大树倾倒在共情之河中，阻挡了河水的循环流动。

当你评价孩子的时候，就是跟共情擦肩而过的时候。父母不是法官，不是来评判孩子对错的，而是要理解孩子、爱孩子的。

说实话，真正理解一个人挺难的，特别是父母和孩子之间。因为几乎是不可避免的，父母会对孩子寄予很多期待。期待和付出让我们很难站在孩子的角度上想问题。

理解孩子，意味着我们要放下自己的期待，放下自己的评判和想法，放下我们认为的对和错。

不是不期待，也不是没有对和错，而是先放在一边。就像我们放下手机，全神贯注去吃饭一样。理解孩子时，我们得先把自己的期待和认知放下，全神贯注去关注孩子的感受和想法。

（2）选择相信孩子

一些父母很担忧："孩子这种表现，我能放心吗？要是不严厉一点，他还不得上天啊……"每当听到这些，我都会想到爱因斯坦的小板凳。

老师布置作业，让孩子们回家做一个小板凳。第二天，孩子们争先恐后地展示自己的作品，爱因斯坦也拿出一个小板凳，简陋粗糙，歪歪扭扭。

老师很不满意，当着全班同学批评道："太糟糕了，我想世界上不会再有比这更坏的板凳了。"全班同学哄堂大笑。

爱因斯坦红着脸，怯怯地说："老师，有，还有比这更坏的。"说完，他从书桌下拿出两个之前做的小板凳。

结果不如意，不代表孩子不努力；分数不理想，不代表孩子不上进；拖延、迟到、精力不集中，不代表孩子懒惰厌学；发脾气、吵吵闹闹，不代表孩子自私自利。

我更愿意相信的是——

每个孩子内心深处都想做好，可这并不意味着他们都能做到。

想，只是愿望。做，要靠能力。

他们可能缺乏某些能力，使得自己被困住，被吓住，被难住。他们可能害怕挫折，害怕失败，难以忍受磨炼，因此表现出一些不好的结果和行为，比如逃避、敷衍、拖延等。

这个世界上没有植物不向阳，不管小草还是大树，都有向阳的本性。你相信也好不相信也好，阳光和水就是植物天生想要的东西，这是由进化决定的。

一切有生命的植物、动物，天生都受进化力量的支配，人也一样。没有人天生沉沦，积极向上是每个孩子与生俱来的本性。

要像相信植物都向阳一样，坚信孩子想要表现得好。结果不如意，只能说明这个孩子有困难，不代表他不想努力上进。

"我知道你很想做好，你有困难吗？困难是什么？你有什么感受？你是怎么想的？告诉我，我可以帮助你。"

（3）放缓节奏，让故事充分展开

孩子被老师批评或者和同学发生冲突，很多家长一听开头就着急了,立刻教育孩子:"老师说得对,你要尊重老师啊,你要团结同学啊,你不要太自私啊,要为别人着想……"

评价来得太快了,父母的情绪太强烈了。

太强烈的情绪和太快的评价都无法表达出共情。共情需要把节奏放缓,让故事慢慢展开,让孩子有机会把内心的感受表达出来。

心理学家发现,共情在过热(或过冷)的环境里是无法生存的。当父母情绪太猛烈时是没有共情能力的。

当你的情绪浓度比较高的时候,沉住气,慢一点,把节奏放缓下来。不要本能地反应,要先稳定住自己,让自己有足够的共情能力,然后再去回应孩子。

共情是两颗心的共鸣,脑子太乱,嘴巴太快,心就跟不上了。不要一听就评价、一说就反应,不要快速做决定,尽量把这个时间撑开,放慢一点,给自己多一点时间,慢一点,稳一点,让心跟上来。多点时间来沉淀,稍稍回想一下会很有帮助。

放缓节奏,给自己一个调整情绪的机会,也是给孩子一个倾诉的机会,让孩子有时间把故事充分展开。倾诉的过程本身就是一种情感疏导。

（4）敢于说"我不知道，请你告诉我"

一个妈妈问："如果我实在理解不了孩子怎么办呢？"

实在理解不了，最好的方法就是坦诚地告诉孩子："你说的这些都很重要，我听到了。我的理解是……有一些我还是不太理解，比如……你能详细说说吗？"

这种态度就是一种共情的回应。回应本身就是在告诉孩子，你说的很重要，我爱你，我想多了解一些。

孩子跟父母相差了二三十岁，时代不同，环境不同，孩子的很多困惑对父母来说都是新鲜事，不知道不明白不理解很正常。如果不知道不理解可以直接说出来，这才是真实、坦诚、平等的互动。

很多父母喜欢做权威，总是摆出一副"我什么都知道，我什么都对"的样子。明明跟孩子接触很少，一点也不了解孩子，却习惯一开口就指点江山。

父母要有权威，但不是高高在上。真诚地告诉孩子"很多事我也不知道，我也需要学习"，这就是给孩子做示范，是一种对谦虚有度、不断成长学习的言传身教。

一个孩子告诉我："抑郁以后，爸爸经常找我聊天。很多时候我知道他没有听懂，但是他一直很认真地听我说，还常常问一些问题。我爸是一个直男，以前他从来不会做这些，现在能这样已经很不容易了。虽然他不能完全理解，但我还是很感动。我感觉到他很爱我。"

说实话，能 100% 做到共情非常困难，只要父母可以坦诚地面对孩子，孩子就会感觉到并且会有明显改变。

本章小结

- 父母的共情可以安抚孩子,让孩子从负面情绪中挣脱出来,并发展出共情能力。
- 孩子共情能力强,情绪调节能力就更强,并能够和他人建立深度的人际关系。
- 共情包含两个方面:第一,理解他人;第二,用共情的方式做出回应。

互动练习十一

共情孩子的"小宇宙"

用共情的方式帮助孩子理解自己内心的小宇宙。和孩子一起回顾并讨论,在面对某些事件时,自己的感受、想法和行为是如何相互影响的。

事件	感受(身体和心理感受到了什么?)	想法(想到了什么?)	行为(说了什么?做了什么?)

第十三章　处理情绪：给情绪一个合理的出口

1 怎样进行情绪管理

我想讲讲"大禹治水"的故事，在我眼里，这不仅是一个历史传奇故事，更是一个有关情绪管理的隐喻。

4000多年前，黄河流域常常洪水泛滥，给人民带来无边灾难。当时的首领尧下决心消灭水患，委任鲧去治水。

鲧主要采用堵截的方法，水来土掩，加固高堤。堤岸越来越高，洪水也越涨越高。鲧治水九年，以失败告终。

舜即位后，任命鲧的儿子禹继续治水。

禹吸取鲧的治水教训，采用疏导治水的方法，兴修水利，疏通河道，使洪水顺利东流入海。

水是生命之源，治得好，它就能滋养生活，灌溉良田。治不好，它就是洪水猛兽，祸国殃民。

情绪也一样，它是身体里游移的能量。

管理得好，情绪的能量可以为我所用，迸发出创造力、进取心，成为向前的动力；管理不好就会情绪失控，助燃愤怒之火，或者将人拖入抑郁泥潭，伤人害己。

每个人都有心情不好的时候，难过、愤怒、抑郁，这些所谓的"坏情绪"本身并不是问题，真正的问题是会不会管理情绪。

鲧治水采用堵截的方法，就好比压抑和回避情绪。不断加高的堤坝，实际上是承载了更多负面情绪。这些情绪就像洪水一样，没有消失，反而因为聚集能量更大。一旦决堤就将冲破堤岸，肆意蔓延。

很多人情绪状态就像鲧治理下的洪水，呈现压抑、发泄、再压抑、再发泄的周期性变化。这次发泄完了，心里暂时平静一段。过几天情绪又积累多了，堤坝再次被冲破。

大禹治水宜疏不宜堵，他的重点不是加固堤岸把洪水镇住，而是有规划、有条理、有控制地把洪水分流出去。以退为进，因势利导，让洪水流动起来，为我所用。

"通则不痛，痛则不通"，情绪和洪水一样，都是宜疏不宜堵，我们得好好向大禹学习，让情绪流动起来，用健康、合理的方式把内心阻滞的"洪水"疏导出去。身体放松了，内心通畅了，人才能够舒服健康。

另一方面，"坏情绪"也是我们的好朋友。

喜怒哀惧，除了喜，怒、哀、惧都是我们不太喜欢的情绪。通常，跟快乐相关的情绪被称为正面情绪，与怒、哀、惧相关的情绪被称为负面情绪。一个正面，一个负面，一目了然，我们都希望正面情绪越多越好，负面情绪越少越好，如果可以，最好不要有负面情绪。

其实，生气、难过、害怕这些负面情绪也有它们积极的意义。简单来说，正面情绪让人开心，负面情绪使人存活。

碰到危险，恐惧会让我们在一瞬间做好战斗或者逃跑的准备。如果没有恐惧，人类的祖先就不会在丛林里生存下来。

被伤害了就会愤怒，如果人不会愤怒，就不会保护自己。愤怒让我们心脏剧烈跳动，血压升高，并分泌肾上腺素，帮助我们的身体做好战斗准备。

伤心和难过是对丧失的反应。面对生活的一系列不如意，人类的控制力是很有限的，很多时候，我们只能接受和放手。难过和哀伤是对丧失的追悼，让我们更好地告别，也更好地开始。

2 什么样的情绪习惯容易抑郁

跟父母沟通时，我经常会问这个问题："当你生气、焦虑或者难过、伤心、委屈的时候，你会怎么做？你会怎么表达负面情绪？"

有父母说："心情不好，看什么都不顺眼，特别容易发脾气。我知道这样不好，就是忍不住。"

有父母说："难过也没有用，事情都发生了，还是赶快解决问题吧。"

有父母说："与人为善，跟别人生气不好，装没听见，忍忍算了。"

带着同样的问题，我们再看看孩子。

基本上，所有抑郁的孩子都不擅长表达自己的感受。对于负面情绪，孩子们往往采用压抑、拖延、回避、遗忘、逃离的方式去处理。

有时候，这些方式可能有点效果，可以把问题暂时搁置。但长期来看，压抑、逃避的方式只会把问题积压起来，反而可能积重难返。

如果把心理空间想象成一个气球，情绪就是里面看不见的空气，压抑和逃避就是往气球里不断充气。

一次次的压抑逃避，使气球一点点变大变硬，里面的空气越来越多。各种情绪混杂在一起，酝酿着一场爆发。

再强大的内心也是有限度的，更何况孩子的内心还没那么强大。

气球越来越大，孩子的健康、学习和生活就会受到各种影响。然后，某年某月的某一天，当再次习惯性充气时，气球突然爆炸了。

擅长表达自己的感受，情况就会大不一样。

不管经历了什么，哪怕是一些创伤性的事件，如果孩子能够把内心的感受表达出来，并得到疏导和指点，就不会卡在情绪里。这就好比给气球放气，让这些"有毒有害"的情绪释放出来。

容易抑郁的情绪处理习惯有以下几种：

（1）不当的发泄

通过某种不恰当的方式把内心的情绪宣泄出去，比如发脾气、抱怨、唠叨、指责、大吵大闹、大哭一场、找人倾诉等，但事后常常感到内疚、空虚、难过。

（2）压抑

有些人因为害怕破坏关系，不愿意面对冲突，或者认为负面情绪不好，从而把自己的情绪压抑住，不去面对和表达。这类人看上去很平静，但并不是不生气、不焦虑、不难过，只是不表达而已。

（3）回避

压抑是有了负面情绪不表达，而回避是根本不去感受。就好像关闭了情绪感受的通路，不去和自己的感受做联结。

有的人像鸵鸟一样，把自己的头埋在沙土里，认为只要自己不去感受，一切就是正常的。还有些人"超理智"，一味地强调规则和理性，忽视内心的感受。

（4）合理化

这种方式就像进行了一场内心戏，两个小人在心里对话。A说："爸爸打我，我好难过。"B说："他是你爸爸，还是爱你的，你不应该生他的气。"A说："可他打我？"B说："你自己不也有犯错的时候嘛，不要斤斤计较。"

这类人试图给自己讲道理，把不好的事情合理化，以减少负面情绪。

3 情绪习惯的两面性

硬币都有两面：有阳面，就有阴面。处理情绪的习惯也有两面：有用的一面，有碍的一面。

发泄、压抑、回避等情绪处理方式能够成为孩子的习惯，是因为它们曾经非常有用。在某种环境和情境下，这些方式避免了负面体验，对孩子有保护、有帮助。孩子不自觉地重复这些方式，而使其变成了一种处理情绪的习惯。

可是，这些方式在当时的环境有用，未必适应其他情境。合理未必和谐。它还有有碍的一面。

情绪处理习惯	有用的一面	有碍的一面
不当的发泄	自己好受一点，能够很快降低负面情绪的浓度。 不会让负面情绪累积，伤害健康。	牵累他人，让他人为自己的情绪买单。 不但没有解决问题，反而会让问题更严重。 破坏关系，让关系恶化。 周期性，积累到一定程度就需要发泄一次。
压抑	看起来很正常。 回避冲突，有利于关系和谐。	心累，一个人默默承受。 问题可能被维持，被掩盖，而没有被解决。 压抑的东西会越来越多，直到自己承受不了。 不利于身体和心理健康。
回避	不受情绪之苦，不用面对负面感受。 看起来很平静，很理性，好像一切尽在掌控之中。	感受不到快乐、幸福等积极情绪。因为关闭情绪通路，会减少负面感受，也会减少积极正面的感受。 像一个有点"冷血"的人，不容易与人建立深度情感关系。 无法解决情感问题。
合理化	自我调节情绪，相对理性、冷静。 不发生人际冲突。	容易自我冲突，自我纠结。 内心戏太多，别人很难了解。 道理都懂，就是很难做到。 当难以自我说服的时候，这种方式就失效了。

4 孩子的情绪习惯从哪里来

我们有各种各样的习惯,情绪表达的习惯也是其中之一。孩子为什么会有发泄、拖延、回避的习惯呢?我们从下面三个方面来分析。

(1) 父母言传身教

父母如何处理情绪,孩子就会有样学样,如法炮制。如果父母习惯用争吵、指责来表达愤怒,宣泄焦虑,孩子很可能也会如此。当他们感觉到不高兴或者压力大时,他们就会"本能"地发脾气。

如果父母习惯用压抑、忽视的方式处理情绪,孩子也会学过来为自己所用。当孩子感觉到委屈难过时,他不会表达出来,也不知道如何表达。

如果父母是同一种模式,比如都喜欢争吵发脾气,那么孩子基本上除了发泄,不太可能学到别的;如果父母两个人是不同的模式,比如一个人喜欢抱怨,另一个人喜欢回避,孩子很可能选择其一。

(2)生活环境影响

人是环境中的人,所有行为都要适应环境。孩子的情绪处理方式往往是为了适应环境、保护自己而发展起来的。

比如:小张同学的父母天天争吵,冲突很多。如果小张参与到冲突里,那么他会非常痛苦,整天跟着父母坐情绪的"过山车"。

为了保护自己,小张开始回避自己的感受。有点像掩耳盗铃,把自己的耳朵堵上仿佛就听不见了,把自己的感受关闭掉就体验不到了。

这样模式并不完美,也解决不了问题,但可以帮助小张适应当下的家庭环境,避免卷入父母的矛盾,减少痛苦和无力感。

可是,等小张长大了,环境变了,他需要和朋友建立亲密关系时,回避情感的习惯模式就不能像小时候那样帮他了,而会成为他最大的阻碍。

(3)孩子的行为得到强化

一个行为变成一个习惯,意味着要多次重复并持续一段时间。产生某种行为可能来自父母的影响,可能为了适应环境,那么是什么让它维持下来的呢?一定是因为这个行为可以得到某些好处而被强化。

小金同学从小就是个小大人,同学给她起了个外号"金教授",因为她总是一脸平静,一本正经。男同学欺负她,她会说:"我不会生气,孩子嘛,都有调皮的时候,并不代表他是个坏孩子。"妈妈要求她让着妹妹,尽管她非常委屈,但她也会微微一笑:"妈妈你说得对,她还小,我是姐姐,应该尊老爱幼。"

小金同学被医院诊断为重度抑郁。她习惯用讲道理的方式回避自己的真实感受。

讨论这些的时候,她告诉我:"刚开始我会委屈难受,可只要这样说,身边人都会夸我懂事,后来我就习惯了。"

我想小金父母怎么也想不到,这些夸奖和认可让一个童言无忌的小孩变成了"金教授"。

5 如何帮助孩子学会处理自己的情绪

抑郁的孩子都是敏感的孩子,他们感受丰富,有自己的想法,由于自卑、怀疑、害怕,行动上往往很被动,有感受不会表达,有想法不会交流,有意见不会沟通,这使得他们常常被情绪问题困扰。

帮助孩子表达情绪,关键在于让他们学会沟通,能够心平气和地把自己内心的感受表达出来。

我总结了三点:

第一,直面情绪不回避。

第二,表达情绪不压抑。

第三,合理表达不失控。

既不压抑自己,也不破坏关系,能够清晰表达出自己的感受和要求,解决问题,推进关系。

怎样帮助孩子学会沟通呢?

教孩子学习沟通,最好的方式就是和孩子沟通。

父母以身作则,改变自己的沟通模式,用健康和谐的方式和孩子沟通,让孩子见识和体会到沟通的魅力,也可以和孩子一起讨论如何更好地沟通,边学习边练习,双管齐下,帮助孩子慢慢建立和内化沟通的良好习惯。

有效沟通的四个步骤:

第一步,清楚陈述发生的事情,不评价不判断。

第二步,表达自己的感受。

第三步,说出哪些需要导致这样的感受。

第四步,提出具体请求。

举个例子:

小张同学晚上看手机,10点还没有睡觉。按照有效沟通的四个步骤,父母要如何跟小张沟通呢?

"现在晚上10点了,你还在看手机。"清晰表达发生的事情,不评价,不指责。

"我感觉有点担心。"说出自己的感受。

"手机的蓝光会影响睡眠,多睡一会儿才能让大脑好好休息。"客观说出原因。

"我希望咱们晚上 9 点以后都不要再看手机,可以吗?"提出具体要求。

在第一步里要注意的是不要评价,只讲客观事实。

"现在 10 点了,你还在看手机。"这是事实。

"手机都看了一天了,怎么还在看""总在看手机""怎么学习没这么积极",这些都是评价和指责。

第二步要表达出自己内心的感受。

"我感觉有点担心。"这是感受。

"我觉得你太过分了""我觉得你这样不好""我认为你应该……"这些都是带着指责的想法。

第三步说出导致自己感受的原因。

有时候这一步可以省略,有时候加上一句效果会更好。这一句话可以引导孩子更好地体会情感,扩展认知。

第四步提要求要尽量具体。

"晚上 9 点以后不要再看手机。"这个要求非常具体,可执行。

"以后少看手机"这个要求不够具体,"少看"是多少,父母和孩子的标准可能不一样。

"你都这么大了,管理好自己。"这个要求泛泛而谈,孩子可能不知道什么叫"管理好自己"。

四点提示:

(1)沟通的重点是让孩子明白,而不是一味地表达自己的想法。父母要克制自己随意评价、出口伤人的冲动。

（2）刚开始练习，语言要尽量简短，不要长篇大论，一旦偏离要马上停下。

（3）学习一个新技能都有一个刻意练习的过程。想说的话可以按照上面的四个步骤，多在脑子里过几遍，也可以写下来，不要张口就来。

（4）沟通的关键在语言，也在态度。父母要关注自己的语气、表情、姿势等非语言表达，态度平和，自然放松，才能言行合一，有效沟通。

本章小结

- 情绪本身无好坏，管理不好才让抑郁、焦虑、愤怒成了"坏情绪""负面情绪"。
- 容易导致抑郁的四种情绪处理习惯：不当的发泄、压抑、回避、合理化。
- 孩子抑郁习惯的来源：父母言传身教，生活环境影响，消极行为得到正强化。
- 学会有效沟通可以帮助孩子准确表达内心感受和诉求。

互动练习十二

给情绪"洪水"找出口

1. 越压抑越抑郁,情绪宜疏不宜堵。和孩子一起头脑风暴:情绪不好的时候做点什么能够让心情好一点?

2. 把你们想到的方法写下来或者画出来,用健康、合理的方式把内心的"洪水"疏导出去。

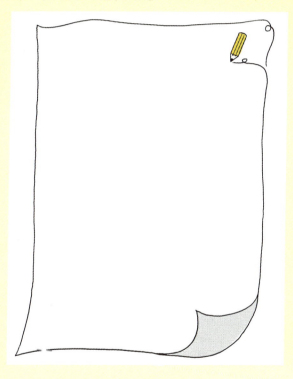

第十四章　调整孩子的抑郁想法

1 怎样打破抑郁的循环

　　帮助孩子调整情绪时,我们可以直接在情绪层面工作,帮助孩子舒缓紧张,疏导委屈,减轻焦虑和抑郁。我们也可以在想法层面工作,帮助孩子调整内心的想法,从而改变情绪感受。

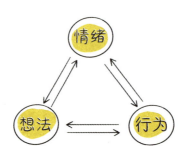

　　小张同学刚刚升入一所重点初中,第一次考试,成绩排名比在小学时下降了不少,以前在班里排名前五,现在排在班里后十名。小张同学非常受挫,情绪低落。学习没以前积极了,经常拖延,玩手机。

　　如果你是小张的父母,你要怎样做孩子的工作呢?

　　很多父母会直接指责孩子:"成绩下降这么多,还玩手机!不知道自己应该干什么吗?"

有些父母会很焦虑:"第一次考试就这样,以后怎么办,还能考上高中吗?"

这些处理是本能反应,却未必有好的效果。

我们先来看看小张的内心发生了什么:

情绪上,感觉挫败、难过、焦虑。

想法上,认为别人都好厉害,自己能力不行,学不好。

行为上,拖延,回避。

情绪、想法和行为,这三者相互影响,如同鸡生蛋、蛋生鸡的关系,互为因果,循环往复。

想法决定了感受,感受会强化想法。感受和想法决定了行为,行为的结果会强化负面感受,验证之前的想法,带来更多的负面行为。

小张越是认为自己能力不行,同学都比自己强,他就越发会感觉到挫败、焦虑和无助,也就越发不想学习,磨蹭拖延。

小张的情绪循环:

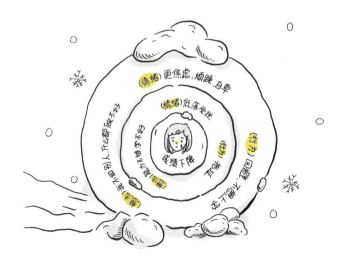

小张父母的情绪循环：

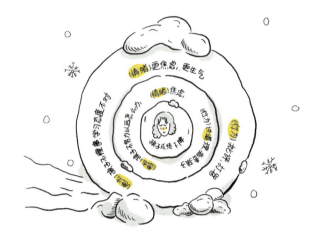

父母和孩子都有自己内在的小宇宙，双方的情绪循环彼此独立，又相互交叉。父母指责孩子，孩子顶撞父母，父母的小宇宙和孩子的小宇宙撞在一起，两个负向循环叠加使得雪球越滚越大，不断循环重复。这时，不仅原来的问题没有解决，还会引发其他问题。比如孩子不去上学了，逃学厌学，等等。

怎么打破这个循环呢？

我们发现小张有挫败感，可以做做孩子的"思想工作"。

- 可以和孩子讨论一下新学校和老学校的不同，引导孩子发现这次的成绩下降有一些客观因素：重点中学里大家都是学霸，学习氛围浓；初中的学习要求和学习方式与小学有很大不同。
- 一次成绩不理想不是能力有问题，有困难不代表自己比别人差。这只是一次小提醒，需要改进学习方法，可以从同学那借鉴学习经验。

这些都是在帮助孩子做认知层面的调整,想法改变了,情绪和行为都会立刻改变。

2 抑郁时,孩子会有哪些常见的负面想法

抑郁的孩子常常会有很多认知偏差,想事情、看问题往往无法"积极向上",无法"乐观一点",无法"全面客观"。负面的想法会产生负面的情绪,让孩子更加抑郁。

12 种常见的抑郁思维:

(1)全或无

也称非黑即白,两极化,或者极端化思维。这种思维方式常常用两分法看待人和事,没有中间的过渡地带。

比如:如果考不了第一名,我就是个失败者。

(2)灾难化

不考虑其他各种可能的结果,只是消极地预测未来。

比如:别人生气了就永远不会理我了,我将被孤立,没有朋友。

（3）忽视正面信息

看不见或者自动忽略事情好的一面，总是聚焦在负面信息上。

比如：数学好有什么用，我的英语听力总被扣分。

（4）情绪推理

因为感受很强烈，就认为事实一定怎样，忽视或者低估其他可能性。

比如：好紧张，我刚才肯定表现很差，很丢人。

（5）贴标签

给自己或他人贴上确定性且概括的标签，而不去考虑具体的情境和结果。

比如：我性格孤僻，是个不受欢迎的人。

（6）夸大或缩小

在评价自己、他人或者事情时，没有理由地夸大消极面，缩小积极面。

比如：我的脸太大了，像一张大饼一样，太丑了！

（7）心理过滤

也称选择性提取。将注意力过分集中在消极的信息上，而看不到整体。

比如：老师批评我了，说明我干什么都不行，一无是处。

（8）读心术

相信自己知道别人怎么想，而不去考虑其他可能性。

比如：他们肯定以为我很傻，暗暗嘲笑我呢。

（9）过度概括

很容易得出一个消极的结论，然后用这个结论概括其他事情。

比如：我跟小张打招呼，她都不理我，我没有交朋友的能力。

（10）个人化

相信别人表现不好是自己的原因，而不去考虑其他合理解释。

比如：小张分零食没有给我，肯定是我惹她生气了。

（11）"应该"和"一定"陈述

对自己对他人有一套严格、坚决的规则，不能触碰，没有弹性。

比如：我应该照顾别人的感受，必须和每个人保持良好的关系。

（12）管道视野

从管道中看世界，只看到事情的一个面，而且往往是消极面。

比如：老师不公平，凭什么只批评我，坏老师！

3 孩子的负面想法从哪里来

为什么孩子会有这样的想法呢？为什么是这样想而不是那样想？这些想法从哪里来呢？

孩子的想法不是凭空产生的,受多种因素影响。揣摩这些想法的来源,父母可以更好地理解孩子。

(1) 经历影响想法

小到生活习惯,大到价值观,都会受到成长经历的影响。我们认为的所有的"应该",所有的"必须",所有的规则,很大一部分都来自成长经历。

年龄大一点,经历多一点,视野开阔了,人的想法就会改变。"现在想起来,以前好傻呀。"这是想法的更新,也是经历带来的成长。

(2) 性格影响想法

性格不同,想法常常不一样。同样一杯水,乐观的人认为水还有很多,悲观的人认为水都快没了。

习惯内归因的人,矛头指向自己,"他生气可能是我哪里做得不好"。习惯外归因的人,矛头指向他人,"他生气是他不对,跟我有什么关系"。

(3) 情绪影响想法

同样一件事,开心时和难过时想法是不一样的。孩子是最容易受情绪影响的。

抑郁时,孩子的想法多是负面的悲观的,很多孩子会认为自己比别人差,未来没有希望。等到克服抑郁了,这些想法都会改变。

(4) 行为影响想法

人的想法总是试图与行为保持一致。孩子常常会辩解、找理由，以此证明自己的行为合情合理。

比如："不想跟小张出去玩不是因为发生矛盾，而是因为我就想一个人在家玩。"

（5）角色影响想法

两个人角色不同，想法也就不同。

妈妈希望孩子再努力一点，把时间用在学习上。孩子认为自己学累了，就想再玩会儿。双方都没有错，只是因为视角不同而已。

（6）环境影响想法

环境对孩子的影响非常大。环境包括客观环境，也包括人的环境。青春期的孩子，跟什么样的人一起玩，身边有什么样的朋友，非常重要。老师怎么说，同学怎么想，都会对孩子有影响。

最后，要特别强调网络环境对孩子的影响。现在孩子的上网时间普遍比较长，孩子上网干什么？看什么内容的视频？喜欢玩什么样的游戏？和什么人聊天？大体聊些什么？这些都会对孩子产生影响。

4 如何帮助孩子调整自己的想法

帮助孩子调整想法，我给父母们5个小工具。

（1）找证据

孩子很容易受情绪影响而得出自己的判断。比如被老师批评了，内心不爽，就认为"老师对我有偏见，他不喜欢我"。当孩子顽固地这样认为时，他会自动屏蔽和老师的良性互动，而把注意力聚焦在批评和不满上。

再比如，孩子某一次上台讲话，因为太紧张而被同学取笑，由此认为"我不擅长当众讲话，我有社交恐惧"。

当孩子出现类似的想法时，我们可以用"找证据"的方式帮助孩子看到"想法不是事实"。比如，你可以这样问：

"你觉得老师有偏见，除了这一次，还有别的证据吗？"

"老师对别的同学怎么样？"

"如果这次犯错的是小张，老师会怎么处理呢？"

"老师之前对待你，有没有好的地方呢？"

"老师这样说，除了你认为的他不喜欢你，还有没有别的可能呢？"

支持这个想法的证据是什么？反对这个想法的证据是什么？有没有别的解释或观点呢？这些问题都是在帮助孩子扩展视野，看见现实，而不是停留在情绪里。

（2）箭头向下

虽然年龄小，很多孩子想问题并不少。一些孩子内心戏很丰富，往往陷入对过去的自责和对未来的担忧中。

比如，小张和同学发生矛盾了，事后她反反复复地想：我当时说的话是不是过分了？是不是不应该那样说？可是，她先说的我啊，她怎么能那样对待我呢？我们还能够做朋友吗？明天她不理我怎么办？她会不会孤立我？别人怎么看，会不会认为我小气……

当孩子不断反思时，我们可以采用箭头向下的技术，帮助孩子看到即使最坏的结果发生,也没有什么大不了,不过如此。

你可以问:"如果她真不理你了会怎样呢?"

"你担心的最坏的情况会是什么样?"

"如果真的发生了,你会有什么样的感受?我们可以怎样应对呢?"

这样的分析就像一个箭头,带领孩子一直往下看,看到自己的担忧和恐惧。

很多事情本身并不可怕,如果真的发生了,孩子可以接受,也可以应对。最熬人的是靴子还没有落地的时候,焦灼和不确定性让孩子抓狂。

(3)拉长时间线

很多事情在父母看来是小事，可在孩子的眼里却是很大很重要的事情。这是因为孩子的年龄有限，生活环境单纯，他们的世界很小，家庭和学校就是他们全部的生活。

当孩子在一些"小问题"上纠结的时候，我们可以拉长时间线，帮助孩子站在更长的时间维度上远观现在这个问题，时间上的扩容可以帮助孩子从目前的认知上挣脱出来。

比如，情窦初开的小张同学很喜欢一个男生，不知道男生喜不喜欢她，当这个男生和其他女生接近时，小张就感觉很痛苦。

如果孩子告诉你这些，你要怎样帮助她呢？

很多父母会指责孩子："别胡思乱想，你应该把精力放在学习上，不要早恋！"

从情绪感受上来说，这样的指责不会有效。小张可能不会早恋，但看到那个男生，她还是会难受，还是会影响她的状态。

我们可以拉长时间线：

"当你 30 岁的时候，你想过什么样的生活呀？"

"你希望自己多大年龄结婚呀？"

"你希望在什么样的状态下谈恋爱呀？"

"当你 30 岁、40 岁了，你是一个妻子或者妈妈了，再回头看现在的心动，会有什么样的想法呢？"

这样的对话可以帮助孩子看到未来的生活很长，当下的心动不是全部，以后还会有很多选择。

（4）换角度，换位置

处在不同的位置上，我们的想法就会不同。当孩子产生一些顽固的想法时，往往是固守在一点，不能从其他角度和位置看问题，这样就会看上去很"倔强""死不悔改"。

这时候,我们可以用提问的方式,帮助孩子变换角色,调整与事件的距离,从不同的位置看这个问题。横看成岭侧成峰,位置变了,看到的想到的感受到的也就都变了。

比如:小王和小张发生矛盾了,小王认为自己虽然是说了很难听的话,但还是小张有错在先,没有在同学指责自己的时候站出来帮忙。

这个时候,我们就可以采用变换位置的方式。我们可以这么问小王:

"你猜小张现在在想什么呀?"

"如果你是小张,当好朋友当众说了那么难听的话,你会有什么感觉呀?"

"如果你是第三人,比如你是小高,看现在你和小张的关系,你会怎么想呢?"

变换角度和位置,可以帮助孩子看见事情的全貌,设身处地去体会他人的想法和感受。

（5）看到硬币的两面

硬币都是有两面的，所有的人和事也是如此，有向阳的一面，就有背阴的一面，有好的地方，肯定也有不好的地方。

当孩子陷入抑郁状态时，认知往往都是很负面的，只能看到或者相信不好的一面，没有能力看见或者想到事情还有另外一面。

这个时候，父母就要帮助孩子看见另外一些可能。这并不是否定这一面，而是既承认这一面，也能够看见另一面。这样的认知更客观、更有弹性。

比如：小张同学数学很差，难以提高成绩，整天被老师批评。小张认为自己真是太差了，努力也没有用，前途茫茫。

这时候，我们可以和孩子讨论：

"每个人都有优势和劣势，你数学是不好，可也有好的地方啊，作文就写得很好啊，你并不是一无是处，你有自己的闪光点。"

这并不是回避数学差这个问题，也不代表放弃提高成绩，而是要更客观地认识自己，看待自己，不能一味地贬低自己，挫败自己。

本章小结

- 抑郁的孩子常常会有很多认知偏差，有12种常见的抑郁思维。
- 孩子的想法不是凭空产生的，受经历、性格、情绪、行为、环境等多种因素影响。
- 帮助孩子调整想法的5个小工具：找证据、箭头向下、拉长时间线、换角度换位置、看到硬币的两面。

互动练习十三

和想法对话

当内心有负面想法时,可以用以下 10 个问题和自己的想法对话。

1. 支持这个想法的证据是什么?
2. 反对这个想法的证据是什么?
3. 有没有别的解释或观点?
4. 最坏会发生什么?
5. 如果发生了,自己能如何应对?
6. 最好的结果会是什么?
7. 最现实的结果是什么?
8. 如果相信这个想法,会有什么影响?
9. 如果改变这个想法,会有什么影响?
10. 如果我是×××,处于和××× 相同的情境,会有什么感受?会怎么想?怎么做?

第十五章　改变孩子的抑郁行为

1 抑郁和孩子的行为有什么关系

一般来说，孩子行为上的异常是父母最容易发现的。不过，当发现孩子"不太对"的时候，父母往往不会把这些异常和抑郁联系起来。

比如，孩子学习成绩下降、拖延、马虎、不能集中注意力，父母会认为这是孩子学习态度有问题，对待学习不认真，不会想到孩子可能有情绪问题。孩子玩手机、睡眠紊乱，父母也不会把它们和抑郁联系起来，而认为这都是过度使用手机造成的。

如何分辨孩子行为哪些是正常的，哪些是抑郁的信号呢？我们还是要回到情绪、想法和行为的关系上。

行为和情绪的关系：情绪驱动行为，行为的反馈会影响情绪。

行为和想法的关系：想法决定行为，行为的反馈会印证和强化想法。

当我们看到孩子有一些异常行为时，不要单纯地认为这只是一个"坏习惯"，是孩子"不应该做的事儿"而已。要多想一想，孩子的行为不是孤立的，行为背后一定有动力。孩子有什么样的感受才会这样做呀？有什么样的想法才会做出这样的举动呢？透过行为了解情绪，透过行为猜测想法，把孩子的感受和想法都看到了，我们才能真正了解孩子。

比如，小张同学最近情绪波动很大，一点儿事情不顺心就哭哭啼啼，还经常朝父母发脾气。

单看这些行为，小张同学的父母真的很恼火，孩子是不是青春期叛逆了？怎么能这样对父母呢？孩子没教养，品德上有问题？

细心的父母不会只停留在孩子的言行上，他们会向下挖掘：学校发生什么事了？孩子和同学关系怎么样？最近孩子在想什么？为什么这么爱哭呢？

明白感受、想法和行为的相互关系，为我们全面了解孩子的内心提供了一个图式，也为我们改变孩子的行为提供了一个思路——既然它们是互为因果、相互影响的，那么，想要改变孩子的抑郁行为，可以有多种方式：

（1）做情绪的工作，情绪变了，行为就会变。

（2）做认知的工作，想法变了，行为就会变。

（3）直接在行为层面做工作，直接改变行为。

比如刚才小张同学的问题，我们可以了解他的情绪，去做情绪的安抚和梳理；也可以调整小张的认知，帮助孩子解开疑惑；还可以直接在行为层面工作，引导小张用合理的方式表达情绪困扰，解决学习和人际问题。

2 了解行为背后的动力：正强化和负强化

大部分孩子抑郁后，都会有一些回避的行为，不写作业，不想上学，不想和同学交往，不想跟父母说话，但是却很喜欢玩游戏、看手机,孩子为什么会有这样的表现呢?

所有的行为都不是无缘无故的,都有内在的动力。比如,一个人饿了,他就想吃东西。之所以有"吃"这个行为,是因为背后的动力"饿了",需要借助吃东西满足身体的需要。

抑郁行为也是这样。孩子之所以这样做而不是那样做,是因为这样做可以满足内心的某些需要。

通常来说,使一个行为产生并维持下来有两种动力,一种是正强化,一种是负强化。

正强化指的是这个行为能够带来正向的感受。因为体验很好,这个行为就容易继续下去。

比如,上课积极发言被老师表扬了,老师的表扬就是一个正强化,让孩子体验到自信和快乐,孩子就会更加愿意发言回答问题。

再比如,孩子帮助同学,同学表达了感激之情,这份情谊让孩子很开心,这就是正强化,孩子以后就愿意继续帮助同学。

负强化指的是某个行为可能不会带来好的感觉,但是它可以避免让你陷入负面的感受。因为可以让你不再难受,这种行为也容易被维持下来。

比如,孩子不想写作业,不想上学,这样的行为没有什么好的感觉,但是,它可以暂时让孩子逃避压力,逃避紧张、焦虑和挫败,这就是一个负强化。

再比如,竞选班干部没有竞选上,下一次孩子就不想参加竞选了。不去竞选没有收获，但是可以避免失败的难过和挫败。

很多父母困惑：很多事情明明没有任何好处，孩子自己也是知道的，为什么就是不改呢？

现在我们知道了，就是因为负强化呀。虽然不能带来好处，但可以避免更难受，某种意义上，这也算是个好处，从而使得行为维持下来。

比如，孩子喜欢看手机、玩游戏。

从正强化分析，玩游戏很放松，可以带来快感、成就感，可以交朋友。

从负强化分析，玩游戏可以暂时逃避压力，躲进虚拟世界，不用面对现实困扰。

这样一分析，也就不难理解孩子那些"不可理喻"的行为了。

3 如何改变孩子的行为

正强化和负强化的概念，为我们改变孩子的行为提供了思路。

想要改变孩子的行为，得从孩子的内在动力上做工作。可以增加正强化，增加积极的体验；也可以利用负强化，减少负面体验和感受。具体说来，就是要多多鼓励、欣赏孩子的闪光点，减少对不足的批评和指责。

小王同学告诉我:"长这么大了,爸爸从来没有认可过我。如果我做错了,他劈头盖脸一顿批评指责。如果我做得还行,他也不会表扬。他会板着脸说,做好是应该的,你还有很多不足的地方,可以做得更好。"

我相信小王爸爸很爱孩子,之所以挑剔是因为他希望孩子看到自己的不足,知道"人外有人,天外有天",能够虚心学习,不断进步。这是父母对孩子的爱,出发点是好的。但是很可惜,良苦用心未必能有好效果,这样的方式只会打压孩子,让孩子不断受挫。

"批评让人进步,表扬使人骄傲",很多父母从小就被教育"要善于批评和自我批评"。他们认为只有批评才会让孩子看到不足,不断进步,不敢肯定和称赞孩子,怕孩子满足于现状。

这是一种误解。

首先,这些话是有时代背景的,它诞生在一个崇尚自律、奉献和自我牺牲的年代。而现在的文化更加崇尚个性,提倡独特性和自我实现。以前的教育理念非常可贵,但是照搬到现在的孩子身上未必合适。

事实上,从小孩到老人,无论男女,无论长幼,没有人喜欢被批评,大家更喜欢被认可、被欣赏、被表扬。

一头牛,你推是推不动它的。如果拿点饲料放在前面,牛就会自己往前走。教育孩子也一样,要顺应人性,多鼓励,多肯定,少批评,充分调动孩子自己的动力,父母才能省心省力。

"批评 = 受挫",批评就是一种打击和挫败。挫败不一定会让人进步,多数情况下,频繁的打击只会让一个人否定自己,自卑,退缩。人只有不断得到肯定和鼓励,才会激发内在的动力,表现得更好更棒。

有时候，批评和打压确实可能有好效果。这里有一个关键的影响因素就是孩子，得看是什么样的孩子。

如果这个孩子是个抗挫折能力特别强，自信满满，倔强不服气，不达目的不罢休的孩子，父母用激将法可能会点燃孩子的好胜心，让孩子进入战斗状态，跃跃欲试，攻城略地。

如果这个孩子怯懦、胆小、自卑、脆弱、敏感，父母再用批评指责的方式就未必有好效果了。父母希望孩子越挫越勇，可孩子没有那么强的抗挫力，就会一蹶不振、自我否定、退缩回避。

如果孩子抑郁了，会比平时更敏感更脆弱，父母更要重视方式方法。直来直去地指责孩子，要求孩子，不仅达不到纠错的效果，反而会让孩子雪上加霜，更加挫败、无助和抑郁。

4 改变孩子行为的三个建议

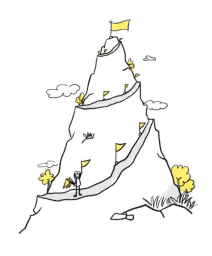

（1）把大目标分解成小目标、微目标

抑郁会让孩子缺乏动力和兴趣，这时候宏大的目标起不到激发孩子的作用，反而会加重孩子的畏难情绪，"这么难，我觉得肯定做不成，不想尝试了"。

在和孩子讨论目标的时候，要尽量把大目标细化，分解成小目标、微目标，让孩子感觉不难，可以试试。

一定要保证孩子不必特别费劲就可以达成这个目标。这样做的好处是孩子一旦做到，就会有正向激励，形成正强化。

比如，小张同学不想出门，整天躺在床上看手机。父母希望小张锻炼身体。如果这个时候定下目标：每天跑步1小时，就算知道锻炼对自己有好处，估计小张也不会尝试。

我们可以把目标细化，变成一个个小目标。第一步，先保证每天出门走走，只要能出门就是胜利。然后再一点点加内容，可以每天散步半小时，可以小跑一段，可以加加速，加长时间。

不要嫌弃目标小、进步慢，一个支点就可以撬动地球，一个个小的正强化就可以让孩子启动起来。

（2）把理念落到方法上

很多父母喜欢讲道理，不善于讨论方法。

"不要拖拖拉拉，珍惜时间，抓紧一点"，这是一个道理。

怎么才能抓紧一点？怎么才能安排好时间？吃饭睡觉娱乐的时间应该怎么安排？应该先做什么后做什么？怎样更好地利用自己的精力？

这些牵扯到时间管理、精力管理、统筹安排等方法，要多花一点时间跟孩子讨论方法，而不是只讲一个"抓紧时间"的概念。

"生气的时候不要发脾气,先让自己冷静下来",这是一个情绪管理的理念。

怎样让自己冷静下来?你可以转移注意力,比如回到房间,关上门,一个人听听音乐,或者出门散散步。

怎么才能够不发脾气?需要有觉察,及时喊停,当情绪要爆发的时候提前预警,告诉自己先停一停,转移一下注意力,让自己恢复冷静。

如果忘了怎么办?可以记标语,做提示动作,等等。这些都是具体方法。

写字需要笔和纸,做饭需要锅碗瓢盆,巧妇难为无米之炊,做任何事情都需要工具。只有理念没有用,必须把理念落地,要有具体可操作的方法。

(3)耐心、耐心、耐心

培养孩子最不可缺少的是什么?如果只选一样,我会选择耐心。现在一切都是越来越快,耐心成了最稀缺的品质。养育孩子这件事,没有耐心真不行。

"都讲了好几遍了,怎么又做错了?"

"说了这么久,怎么还没掌握?"

"上次就是粗心,这次为什么还这样?"

父母生气,认为孩子没有进步,其实不一定是孩子"没脑子""不用心",而是进步没有那么快而已。

所有技能都需要经历一个刻意练习的过程,一个不断重复、进步、重复、进步的过程。改变需要时间,需要积累,这是一个螺旋形向上的过程,不可能是一条平滑的直线,更不可能跳跃式发展。

父母越有耐心，对孩子越包容，孩子就越能够把精力聚焦在自己的问题上，才可能更快更好地成长。

5 孩子什么都不想干怎么办

抑郁的时候，很多孩子什么都不想干，对什么都不感兴趣，没有动力。兴趣丧失，快感缺失，这些是抑郁的主要特点。这两点很容易拖住孩子，把孩子往泥潭深处强拉硬拽。我们要做的就是拉住孩子，往相反的方向用力，和孩子一起行动起来，做点和抑郁相反的事儿。

美国心理学之父威廉·詹姆斯有一句著名的话："我不唱歌，因为我快乐；我快乐，因为我在唱歌。"

他告诉我们，身体的体验会导致情感的变化。身体体验了某种感觉或者做出了某个动作，会使得我们产生某种特定的情感。

也就是说，你做点快乐的事儿，就会感觉快乐一点。你摆出一个自信的姿势，就会产生自信的感觉。相同的道理，如果你整天一副萎靡不振的样子，只是消沉和退缩，这些行为和体验也会让你产生相应的感受，你的感受就会更消极更抑郁。

"因为心情不好，所以什么都不想干，等心情好了再去做那些事吧。"这个逻辑听上去没问题，可如果抑郁了，什么都不干只会让情绪越来越糟糕。

"因为心情不好，所以才更要做点让自己开心的事儿。做点开心的事儿，才能让自己心情好受一点。"当我们状态不好的时候，要学会运用这个逻辑。

多啰唆两句："状态不好的时候要主动做点让自己开心的事儿"和很多父母说的"心情不好你也得学习啊"不是一回事。

孩子状态不好的时候，我们要督促和带领孩子做点开心放松的事，做这些事的目的不是为了学习技能，不是为了增强能力，单纯就是为了就是调整情绪，快乐和放松就是目的。

有时候，孩子会说"状态不好，什么都不做"。其实，这个世界上没有"什么都不做"这件事，只要活着肯定会做点什么。

"什么都不做"往往是形容一种躺平、发呆、叹气、想东想西、拖延、混时间、玩手机的状态，并不是真的什么都不做，而是一些消极、回避、拖延的行为，这些行为都是被动的，不仅达不到放松的效果，还会增强抑郁的感受。

要想办法带领孩子主动出击，主动去调整自己的状态，有目的地去做些开心的事，这样才会增强孩子的控制感和自信心。

| 本章小结 |

- 改变孩子的行为,要从内在动力上做工作,可以增加积极体验,也可以减少负面体验和感受。
- 批评不一定让人进步,频繁的打击会让孩子受挫、退缩。肯定和鼓励会激发孩子内在的动力,促进孩子进步。
- 改变孩子行为的三个建议:把大目标分解成小目标和微目标,将理念落到方法上,多一点耐心。

互动练习十四

迈出改变的第一步

步骤1:选择

抑郁时常常什么都不想干,然而消极、回避、拖延的行为起不到放松的效果,还会增强抑郁的感受。是做出改变还是保持现状?可以和孩子一起讨论,将利弊列出来,并做出选择。

	好处	坏处
做出改变		
保持现状		

步骤2：承诺

填写并大声说出自己的选择。

孩子："我知道抑郁让我什么都不想干，<u>逃避压力、回避社交</u>……这些行为帮不到我，反而让我离目标越来越远。我选择做出改变！"

步骤3：改变

我希望父母能够提供如下帮助：

（1）＿＿＿＿＿＿＿＿＿＿＿＿＿＿＿＿＿＿＿＿＿＿＿

（2）＿＿＿＿＿＿＿＿＿＿＿＿＿＿＿＿＿＿＿＿＿＿＿

（3）＿＿＿＿＿＿＿＿＿＿＿＿＿＿＿＿＿＿＿＿＿＿＿

步骤4：回应

父母："孩子，祝福你，勇敢迈出改变的第一步！我们永远爱你！永远支持你！"

5

拥抱抑郁小孩

第五部分
防止孩子抑郁复发

第十六章　怎样预防孩子抑郁复发

一项针对青少年重度抑郁障碍的研究表明，超过 70% 的人会在第一次抑郁发作后 5 年内第二次发作。

复发，不管是对于身体疾病还是心理问题来说，都不是好兆头，代表着孩子的抑郁可能加重，时间更长，影响更大，治疗和干预的难度也更大。

怎样预防孩子抑郁复发呢？

1 首次干预要彻底

预防抑郁复发，最重要的一条就是在首次治疗和干预时，保证足量足疗程的药物治疗和心理咨询。

抑郁药物治疗倡导全病程治疗，分为急性期治疗、巩固期治疗和维持期治疗三个阶段。

一般来说，急性期治疗 8~12 周，巩固期治疗 4~9 个月，维持期治疗至少 2~3 年，对多次复发以及有明显残留症状者建议长期维持治疗。

关于服药的建议：

- 按医嘱服药，不要抑郁一减轻就自行减药，保证足量足疗程服药。
- 如果孩子服药后感觉不适，不要自行停药，可以和医生讨论换药。
- 帮助孩子记录服药后的状态变化，定期复查，尽量找同一个医生。
- 帮助孩子做好药品管理。

心理咨询也一样，也是分阶段进行的。咨询和谈话就像服药一样，需要建立和维持稳定的咨询设置才能有好的效果。

关于心理咨询的建议：

- 如果很难和咨询师建立咨询同盟，可以换一位咨询师。
- 保证相对稳定的咨询计划有利于咨询效果。
- 积极参与家庭咨询。
- 如果想中止咨询，建议和咨询师讨论一下再做决定。
- 可以记录孩子在学校和家庭的状态，给心理咨询师做参考。
- 对孩子的状态和咨询有任何困惑，都可以和咨询师讨论。

2 制定短期目标和长期目标

对孩子抑郁的干预，既要有短期目标，又要有长期目标。

当抑郁袭来的时候，孩子的状态急转直下，咨询的短期目标就是减轻、消除抑郁。当孩子抑郁减轻了，状态稳定下来了，咨询师才能够有机会帮助孩子更好地调整认知和行为习惯，修补心灵创伤，帮助孩子克服自卑，这就是长期目标。

比较常见的一种情况是：通过短期服药或者心理咨询，孩子状态明显好转。抑郁的痛苦降低了，父母就把重心转移了，从孩子的情绪转移回学习，"总吃药不好""孩子时间很紧张，没空做咨询了"，很容易在这个阶段停药或者停止心理咨询。

减轻不代表消失，不意味着孩子真的"好了"，也不代表抑郁不会复发。恰恰相反，如果之前有过抑郁，复发的概率会更高。

抑郁不仅跟外界压力和事件有关，更跟孩子的认知倾向、思维模式、性格习惯、成长经历等密切相关。如果这些东西没有被干预，碰上压力事件，抑郁就会卷土重来。

3 强化预防意识，做好情绪监测

防患于未然，预防最重要。这个道理很简单，但很多人，包括我自己，都有好了伤疤忘了疼的毛病，直到伤疤再疼起来，才后悔没有早重视。

对待抑郁，要把工作做在前面，像防火防盗一样，把重点放在预防上，不要走一步算一步，到时候再说。要做好孩子的日常情绪监测，争取第一时间发现异常，尽可能早地帮助孩子调整和干预。

情绪监测是一个报警器，孩子状态不好，报警器就会响，父母可以通过监测孩子情绪的变化及时发现问题。

4 建立好支持系统,不要再回到"老路上"

不会求助的孩子最危险。建立好支持系统,就是给孩子系上安全带。父母要帮助孩子建立和维持支持系统,支持系统里可以有精神科医生、心理咨询师、学校老师、亲戚朋友、闺蜜好友等,其中最最重要的还是父母。

抑郁减轻的时候,很多孩子告诉我:"我不想好起来,我害怕等我好了,父母会和以前一样。"

孩子的担心不无道理。习惯是很难改变的,成长不是一朝一夕的事儿,稍稍放松一点,我们就会回到老路上。孩子抑郁的减轻跟父母的调整和改变关系非常大,父母要坚持自我成长,不要回到老路上。如果父母重回老路,孩子抑郁就容易复发。

5 培养良好生活习惯,好习惯是"护身符"

吃饭、睡觉、运动、休闲,这些琐碎的日常不仅决定了一个人身体是否健康,也影响到他心理和大脑的健康。孩子正处于身体和心理快速发展的阶段,健康的生活方式、良好的习惯,对孩子至关重要。

（1）好好吃饭

墨尔本迪肯大学的一项研究发现，通过保证青少年的饮食含有充足的营养可以有效预防抑郁。《美国精神病学杂志》在 2010 年曾刊文："对个人或群体进行饮食干预可以减少精神障碍的发生率。"

关于食物与抑郁的关系，国外的研究非常多。

人类大脑 78% 是由水构成的。如果没有足够的水，大脑中部（下丘脑、脑边缘和体觉区）过于活跃，就会导致应激反应和情绪低落。

神经元细胞膜是由脂肪构成的，饮食摄入的脂肪质量对大脑的健康有影响，并且体内神经递质的合成有赖于摄入的维生素……研究人员发现，水果、坚果、鱼类、豆类、橄榄油等健康食物会减少患抑郁症的概率。

我们不能把食物当成药，但要注意培养健康的饮食习惯。

五种食物要多吃：水果、坚果、鱼类、豆类、橄榄油（健康的油）。

四种食物要少吃：少喝咖啡、少吃零食、少喝酒、少点外卖。

（2）调整睡眠

2020年中国青少年的平均睡眠时长为7.8个小时。其中，小学生平均睡眠时长为8.7个小时，初中生为7.6个小时，高中生为7.2个小时。

《健康中国行动（2019—2030）》中倡导小学生、初中生和高中生每天睡眠时间不少于10小时、9小时和8小时。

《中国国民心理健康发展报告（2019—2020）》指出，我国95.5%的小学生睡眠不足10小时，90.8%的初中生睡眠不足9小时，84.1%的高中生睡眠不足8小时。

睡眠问题往往是抑郁的前兆，很多孩子都有睡眠问题：有的睡不着，做噩梦，易惊醒；有的嗜睡，睡得太多，总是睡不够；还有的睡眠习惯不好，晚上不睡，早上不起，睡眠紊乱。

大脑和身体一样需要休息。只有在睡觉的时候，大脑才能得到充分放松。一晚高质量的睡眠如同按下了重启键，对身体健康、大脑功能、记忆力、情绪调节等都非常重要。

父母要重视孩子的睡眠问题，有针对性地帮助孩子改善睡眠，比如睡前做做拉伸运动，睡前不要看手机，白天多锻炼，练习冥想和正念，等等。

（3）加强运动

哈佛大学的约翰·瑞迪教授在《运动改变大脑》中告诉我们："以前我们常通过药物的方式治疗精神疾病，例如抑郁症、ADHD，而现在我们更倡导用运动的方式强化大脑机能。在治疗轻度和中度抑郁与无助感方面,运动的效果和抗抑郁药一样好。"

2012年,美国精神病学会将运动纳为情绪障碍的治疗方法之一。

运动是天然的健脑丸,是最接近"灵丹妙药"的东西,不仅可以健身,还可以健脑,让孩子更健康更快乐。

大脑和肌肉一样用进废退,大脑内的神经元通过树状分枝相互连接。当运动的时候,我们的身体能释放一连串影响神经系统的化学物质和成长因子,可以促进这些分支生长并发出更多侧支,增加体内血清素、去甲肾上腺素和多巴胺的水平,维护大脑的基本结构,增强大脑功能。

抑郁的孩子常常不想动,父母要以身作则,主动创造条件,安排时间,想办法带领孩子动起来,哪怕只是每天户外散散步,晒晒太阳,对孩子的情绪也有帮助。

(4)适当娱乐

一些孩子经常说"生活没意思",听他们讲讲,真不能怪孩子,他们的生活真是很无趣。兴趣爱好是快乐生活的法宝。学习的时候认真学,玩的时候尽兴玩,只要把规则定好,休闲娱乐不会耽误学习,反而会促进孩子进取。

为了应对压力,我们的身体会做出应激反应。在长期慢性的压力中,身体的连锁反应不但会导致诸如焦虑和抑郁等全面的心理失常,还会升高血压、降低免疫力,增加疾病的发生率。慢性压力甚至会破坏大脑的结构。

很多父母一看见孩子玩就焦虑、生气,"怎么还玩,不去学习"。对学业和未来的焦虑,常常让父母忽视了玩的重要性。

对孩子来说,玩非常重要。玩可以让身体和大脑放松和休息,调整节奏,调整情绪,以便以更好的状态继续接下来的工作。

会休息才能更高效地学习和工作,孩子进入初高中阶段,学业压力很大。压力变大了,就要有相应的化解压力的方法,父母要有意识地帮助孩子放松娱乐,对冲压力。

6 帮助孩子克服人际困扰,获得情感滋养

融洽人际关系,建立、保持亲密关系,获得情感滋养的同时也能够爱别人,这是大部分人获得幸福的主要途径。

很多抑郁的孩子都有人际关系困扰,和父母有冲突,没有好朋友,被欺负了不知道怎么应对,回避社交,形单影只,都是比较常见的情况。

抑郁的孩子经常出现的人际困扰：

- 敏感，错误解读他人的言行，和别人有冲突。
- 压抑自己的不满和委屈，不敢表达愤怒，不会沟通，回避问题，产生误会，关系疏远。
- 自卑，"装"，不敢表现真实的自己，小心谨慎，不会拒绝，讨好他人，很累很烦但是不得不做。
- 在意他人的看法，害怕别人不喜欢自己，内心冲突较多，无法做决定。
- 被欺负，被孤立，不知道如何应对。

父母要认可、肯定、欣赏孩子，然后孩子才能从心眼里认可自己，才敢去做真实的自己。要鼓励孩子主动一点，表达真实的想法，也要教会孩子一些沟通的技巧，学习如何建立友谊。

父母要意识到，现在的孩子面临的压力、环境、矛盾和冲突，相比之前都要复杂。不要只责怪孩子，也不要一味地护短，要根据实际情况，详细了解前因后果，谨慎、小心、妥善地去处理。有时候可能只是给孩子一些建议就可以，有时候父母需要和学校沟通，帮助孩子解决问题。

学会应对冲突和矛盾是孩子成长中的必修课。社会和网络的发展给父母带来了一些新挑战，我们既要保护孩子的身心健康，又要帮助孩子认识到问题的复杂性，发展出应对能力。

7 帮助孩子增强能力，能力是自信的底气

抑郁的孩子普遍自我评价不高，对自己不满意，认为自己不够好。是不是孩子真的不够好呢？这要分情况来看。

一种情况是，自卑出在自我认知上。孩子本身是有能力有优势的，但是他们看不到或者自动忽略，而把注意力集中在自己不够好的地方。

比如有个孩子告诉我，从小到大，他都是年级第二，从来没有考过第一名。我问年级一共多少同学？他说三百多人。我说这么多人你能考第二，成绩非常好啊。他说，没有人会记住亚军，只有第一才叫成功，第二就是耻辱。

这些孩子的重点是调整认知。一旦看问题的方式和角度调整了，他们对自己的评价就会更客观真实。

还有一种情况是，有些孩子在能力上有些欠缺。学习不好，脾气暴躁，不善沟通，没有朋友，有些兴趣爱好，但是坚持不下来。孩子好像一块玉的原石，没有被开发出来，无法发出自己的光芒。

有些孩子看起来无所谓，满不在乎，破罐子破摔。但其实他们还是会不自觉地跟他人比，再加上老师和父母的指责，同学的讥讽，他们往往就会心虚、自卑、躺平。

这些孩子的重点是发展能力。超越自卑得有一定的基础，能力是孩子自信的底气。

很多父母在培养孩子时喜欢运用"木桶理论"，最短的一块决

定了这个木桶的容量。所以哪里不足就应该补哪里，先把短板补齐，然后再全面发展。

与"木桶理论"不同，我提倡"火花培养"，不去找短板，而是找优势找长处。先划亮这一朵火花，让优势带领孩子，让这朵火花越烧越旺，照亮孩子的生活。

总花时间去补短板，孩子就一直跟自己的不足较劲，不断被挫败，体验不到成就感。

兴趣是最好的老师，看看孩子对什么感兴趣，结合实际情况，帮助孩子把兴趣发展成自己的特长和优势。找到优势，点亮火花，顺势而为，孩子的发展就能事半功倍，孩子自然也就可以自信起来，绽放出自己的光芒。

本章小结

- 孩子抑郁很容易复发。预防抑郁复发，最重要的一条就是首次干预要彻底。
- 强化预防意识，做好日常情绪监测。
- 好好吃饭、调整睡眠、加强运动、适当娱乐，良好的生活习惯是孩子的护身符。

互动练习十五

情绪监测日志

1. 根据每日情绪感受填写表格,做好情绪日常监测,防止抑郁复发。

2. 如果连续三天情绪低落或情绪极差,建议及时调整;如果难以自行调整,建议进行心理咨询;如果连续一周情绪低落或情绪极差,建议及时去医院复查。